# 學而實習之
## 編輯的成長攻略

| 總策劃 | 李志宏 | 張晏瑞 |
| 主　編 | 吳華蓉 | 黃佳宜 |
| 編　著 | 林孜穎 | 林沛萱 | 邱義茗 |
| | 康藝寶 | 張逸芸 | 彭馨榆 |

本書榮獲一一三學年度國立臺灣師範大學
深化產業實習補助計畫補助出版,
特此申謝。

## 一　實習夥伴

同學至萬卷樓編輯部實習，由編輯同仁進行工作指導。

呂玉姍副總編輯於編輯部會議室進行編輯工作說明。

林孜穎與其他萬卷樓同仁專注於工作的背影。

吳華蓉（左）、黃佳宜（中）、彭馨褕（右）專注於手邊工作時留影。

## 二　實習工作足跡

吳華蓉實習時於國文天地招牌前留影。

吳華蓉協助數量校對並整理搬運近史所書籍時留影。

◀ 吳華蓉進行美編設計工作時留影。

▶ 吳華蓉於會議室找尋同系列書籍時留影。

圖版

林狄穎校對稿件時留影。

林狄穎（中）實習時，與林以邠主編（左）、
張晏瑞總編輯（右）合照留影。

學而實習之──編輯的成長攻略

林孜穎於實習時留影。

圖版

林沛萱進行稿件校對時留影。

林沛萱進行稿件對紅時留影。

林沛萱實習時於國文天地招牌前留影。

林沛萱實習時,參與萬卷樓舉辦之新書發布會,
作者簽名贈書時留影。

圖版

◀ 邱義茗進行稿件校對時留影。

▶ 邱義茗專注於檢查稿件的身影。

康藝寶填寫出版工作流程單時留影。

康藝寶實習時於國文天地招牌前留影。

圖版

張逸芸實習時於國文天地招牌前留影。

張逸芸進行大學圖書館　　張逸芸謹慎檢查和整理
館藏查重時留影。　　　　新書時留影。

張逸芸（左）與張晏瑞總編輯（右）合影留念。

圖版

◀ 彭馨褕進行校對工作時留影。

▶ 黃佳宜進行校對工作時留影。

黃佳宜實習時於國文天地招牌前留影。

吳華蓉（左）、黃佳宜（右）實習時留影。
兩位現已錄取為萬卷樓外包接案人員。

## 三　秀威科技參訪

秀威科技公司參訪時留影。
左起：張晏瑞、吳華蓉、林沛萱、黃佳宜、鄭伊庭經理。

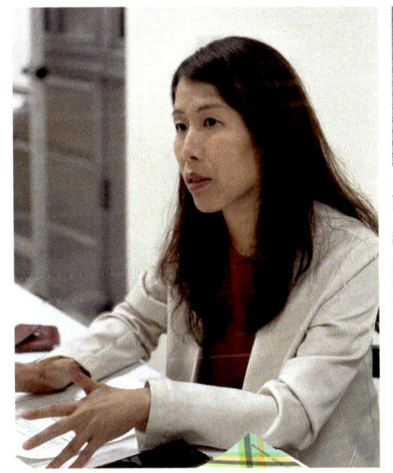 

鄭經理於採訪中，回答同學提問時專注的神情。　　鄭經理引導同學參觀秀威的印刷廠並進行解說。

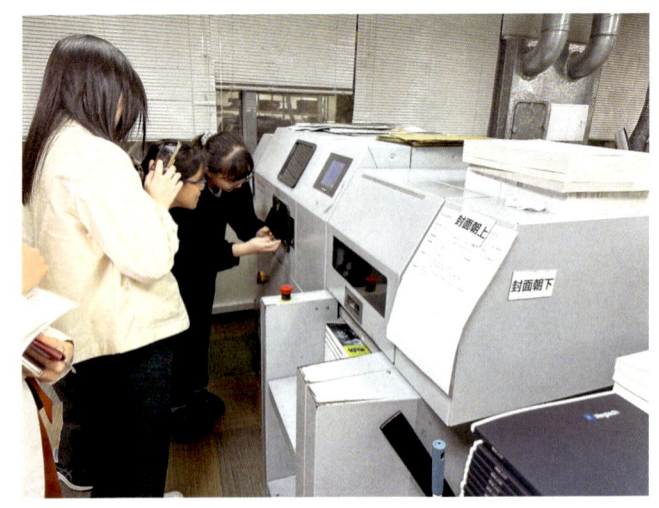

數位印刷少見的三面裁刀機,同學正觀察其運作方式。

運作中的膠裝機。　　　　運作中的印刷機。

圖版

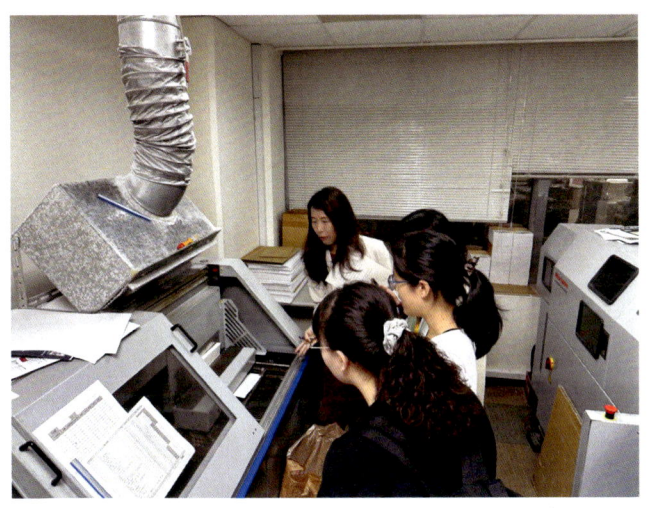

鄭經理引導同學觀察自動膠裝機的運作。

秀威技術人員於現場為同學說明自動上膜機的運作方式。

鄭經理在採訪過程中，
向同學分享秀威的出版理念與作品。

同學於採訪過程中實際翻閱秀威出版品，
觀察不同印刷方式對成品的影響。

## 四　華藝數位參訪

同學至華藝數位參訪時留影。
左起：林孜穎、彭馨褕、陳禮澤經理、張逸芸、張晏瑞。

陳經理在採訪時，引導同學參觀出版社的實際運作，
並分享於華藝數位工作的寶貴經歷。

陳經理在採訪中回答同學提問時，
專注而堅定的神情。

圖版

陳經理在採訪時分享華藝數位的經營理念和想法。

陳經理向同學介紹華藝數位的出版品，
並搭配官網畫面進行解說。

學而實習之───編輯的成長攻略

▲ 林孜穎採訪時，向陳經理積極提問。

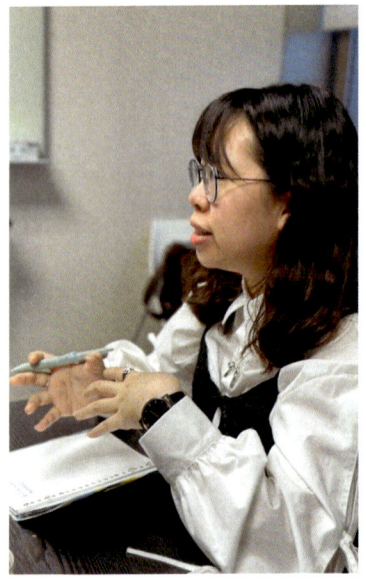

▶ 張逸芸於採訪中專注聆聽並逐一記錄重點。

◀ 彭馨褕向陳經理請教華藝數位的工作相關細節。

## 五　新文豐參訪

同學參訪新文豐圖書公司時合影。左起：張晏瑞、
高道鵬總經理、邱義茗、黃淑冰、康藝寶。

新文豐以出版佛教經典和大型學術套書聞名，
圖為新文豐之《古鈔本明代詩文集（精裝十二冊）》。
（取自：新文豐官網）

同學採訪新文豐高總經理時,專注聆聽的神情。

高總經理於採訪過程中,
向同學分享經營新文豐的寶貴經驗。

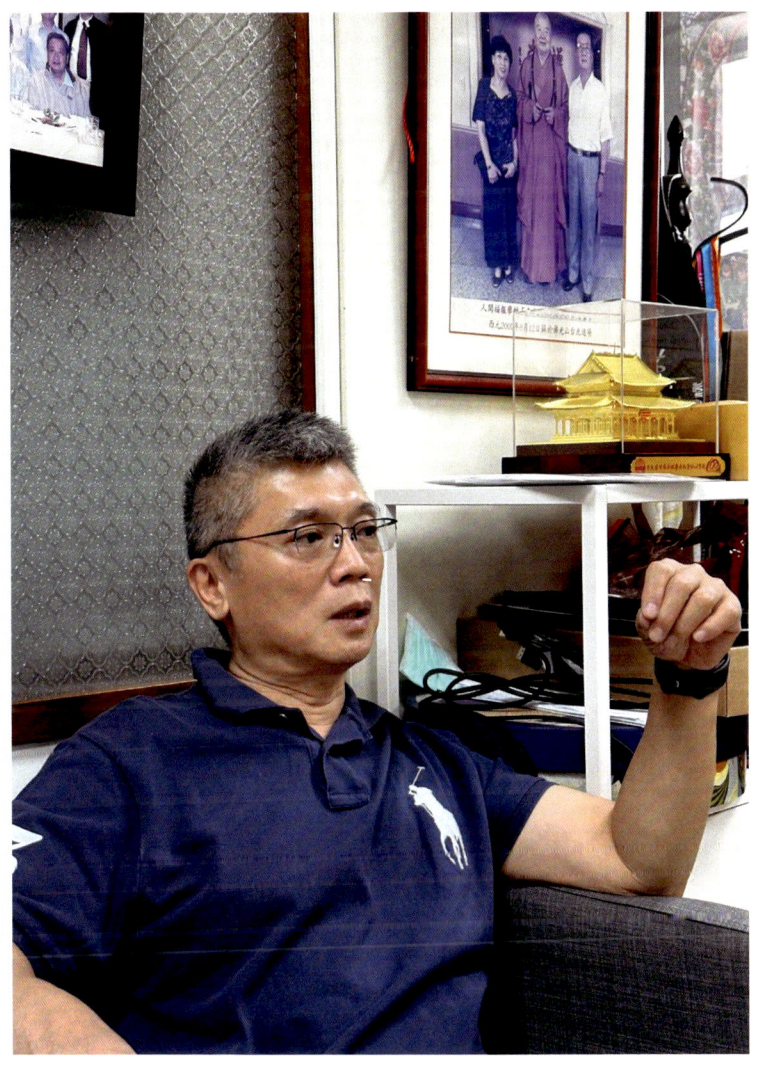

高總經理回答同學提問時,
專注而堅定的神情。

◀ 邱義茗、黃淑冰於採訪中認真聆聽的神情。

▶ 在高總經理為同學解惑時,康藝寶專注聆聽的神情。

## 六　實習結業餐會

實習活動結業餐會，假薪僑園水源婚宴會館舉辦。

萬卷樓總經理梁錦興先生（左）、
師大國文系李志宏主任（右）蒞臨結業式餐會致詞。

萬卷樓同仁參與結業式餐會,
右起:林婉菁、林涵瑋、丁筱婷,
皆由課程實習生轉任正職人員。

梁總經理致詞時,同學們與萬卷樓同仁專注聆聽。

# 圖版

林孜穎獲頒實習證書。

張逸芸獲頒實習證書。

邱義茗獲頒實習證書。

黃佳宜獲頒實習證書。

吳華蓉獲頒實習證書。

林沛萱獲頒實習證書。

康藝寶獲頒實習證書。

# 目錄

圖版　I

李序：企者不立，跨者不行／李志宏　I

梁序：找到工作的意義／梁錦興　V

張序：上一堂不一樣的實習課／張晏瑞　IX

001　吳華蓉　編輯匠藝
　　　　　　　――出版人心中的刻刀

007　林孜穎　實習編輯的正確打開方式

013　林沛萱　「字」我成長闖關手冊
　　　　　　　――實習之路所見所聞、所思所感

019　邱義茗　卻見星圖高掛

027　康藝寶　書展掠影與編輯日常
　　　　　　　――一名實習生的出版初探

035　張逸芸　關於實習編輯的學問

043　彭馨褕　編輯的巧克力夢工廠

051　黃佳宜　編輯奇旅志

　　　　　　——邂逅文字迷宮

**臺灣學術出版采風錄　一、秀威資訊科技股份有限公司**

061　黃佳宜　踏訪書籍誕生的職人之路

067　林沛萱　寫下我們自己的故事

　　　　　　——秀威的創新與跨界經營

075　吳華蓉　想像未來與實現未來的交集

　　　　　　——訪談秀威出版社

**臺灣學術出版采風錄　二、華藝數位股份有限公司**

087　林孜穎　電子書與紙本書如何共譜過去與未來

095　張逸芸　數位出版產業的升級之路

　　　　　　——華藝採訪心得

103　彭馨褕　數位化時代下的編輯挑戰

**臺灣學術出版采風錄　三、新文豐出版股份有限公司**

111　邱義茗　專訪新文豐
　　　　　　——變革中尋覓光明

121　康藝寶　守護文化的脈動
　　　　　　——在新時代出版業的挑戰與策略

129　編後記／吳華蓉

133　編後記／黃佳宜

（各篇依姓氏筆畫排序，采風錄依各社社名筆畫排序）

# 李序：企者不立，跨者不行

李志宏
國立臺灣師範大學國文學系教授兼系主任

　　隨著人類文明的進展，知識和資訊隨著媒介的改變，正以難以預測的方式和速度不斷的增生，甚至對於人類的生活和文化發展產生巨大的影響。在人類歷史上，出版產業作為知識的守門人和文化的傳承者，對於人類文明的延續與深化而言，始終有其不可忽視的價值與使命。然而不可諱言的是，當今出版產業正處於劇烈變動的浪潮中，面臨的不只是技術變化所帶來的挑戰，更是整個閱讀文化、商業模式與內容價值觀的轉型與考驗。因此，在決定投身出版產業之前，勢必得先行理解出版產業當前的處境，並從中思考如何培養專業能力，方能應對可能發生的各種問題。

　　臺師大國文學系為了能夠讓在學同學及早認識出版產業，以作為規劃未來生涯發展的職業選項參考，自一一〇學年度第一學期起，即規劃開設「出版實務產業實習」課程，並邀請任職於萬卷樓圖書股份有限公司總編輯兼業務副總經理的張晏瑞博士講授課程，業已行之多年。近年來張晏瑞

老師在課程內容的設計與教學上，除了傳授傳統出版專業知能和實務工作經驗之外，多有因應出版產業轉型與變化安排不同類型的實習任務，力求讓學生在學習過程中，能夠按部就班地掌握出版產業的日常工作內容和基本功，更希望能夠在特定主題的實習任務中，進一步提升個人洞察出版產業環境變化的能力和視野。

出版產業的發展，從來不是處於靜止的狀態。從傳統的鉛字印刷到現代的數位排版，從紙本書到電子書，從書面行銷廣告到社群媒體的介入，以及當今 AI 技術的強勢興起，所有的變動都造成出版行業板塊面臨巨大的震盪。不得不說，「出版」再也不只是「熱愛書本」、「喜歡文字」以及「製作和出版一本書」如此單純的事情而已，現今的出版人不只是編輯，更是書籍出版的策劃者與傳播者。為了能夠在出版市場穩定立足，出版產業已經成為商業機制、行銷策略和社群經營的綜合戰場。但不論如何，想要從事出版產業工作，就必須先行了解出版產業的運作方式和型態，然後在持續學習中，進一步培養個人的專業知能，其中包括數位工具的使用、行銷思維的培養、甚至是資料分析與內容再製的技巧，以因應就業市場的職能需求。

出版專業知能的養成，並非一蹴可幾之事，而是必須在日積月累的學習過程當中，逐步掌握其中門道。正如老子《道德經》〈第二十四章〉有言：「企者不立，跨者不行。」

凡事都應遵循自然規律，切忌急於求成。若以這樣的觀念和態度審度「出版實務產業實習」課程，可謂再貼切也不過。簡而言之，在出版產業中，「校對」無疑是出版的基本功，看似瑣碎的校對任務，其實正是認識和掌握出版產業運作的重要起點，十足考驗個人的耐性與適應力。此外，編輯工作並不是獨立作業，而是與作者、設計、印刷、業務等多方協作的過程，因此必須擁有良好的溝通技巧與責任感，才能順利促成一本書成功出版。在上述基礎之上，如何進一步深入了解出版書籍的成本考量和行銷策略如何定案等等，則是必須在實習過程中，透過各種接觸機會學習才能心領神會，並從中奠定厚實的知能和素養。顯而易見的是，在萬卷樓圖書股份有限公司總經理梁錦興先生的支持下，張晏瑞總編輯為修習「出版實務產業實習」課程的同學們精心設計各項學習主題，並安排適當的實習任務，得以讓同學們在學習過程當中初窺出版產業之堂奧。如今，精選八位修課同學的修課經驗、實習見聞和採訪企業的學習心得，並將之編輯製作成為《學而實習之──編輯的成長攻略》一書，留下了個人深刻的學思記錄，可謂彌足珍貴。

出版產業，一直被視為文化傳承與知識傳播的重要支柱。傳統出版產業結合了文字、圖像和思想，用以形塑社會價值，推動時代進步，展現了可觀的影響力量。然而，隨著數位科技的迅速發展與閱讀習慣的轉變，當今出版業正面

臨前所未有的挑戰與轉型壓力隨著數位轉型。在張晏瑞老師的細心指導之下，相信修課同學不僅獲得了相當扎實的訓練，同時也充分體會了出版工作的甘苦。期勉所有有心從事出版工作的同學們，面對出版產業市場的劇烈變化，除了保持對於文字的熱愛和熱情之外，仍必須培養跨領域能力，才能在競爭激烈的出版環境中穩健立足，積極發揮個人長才。期待在未來世界裡，看見同學們為守護知識和傳承文化貢獻一份心力，進而創造新一代的出版盛事。是為序。

李志宏

誌於臺師大文學院勤八三八研究室

# 梁序:找到工作的意義

梁錦興
萬卷樓圖書股份有限公司總經理

　　萬卷樓支援國立臺灣師範大學國文學系「出版實務產業實習」課程,已經四年了。這段時間,我最開心的事,便是同學在實習結束後,拿著實習成果書,請我撰寫序文。就算是虛榮心吧,但確實也是一種成就感。看到同學們到萬卷樓來實習,能夠有所收穫,不也是工作中的一種成就嗎。

　　在我一生的工作經歷中,文化事業是我從事最久的行業。從加入萬卷樓到今天,已經將近三十年了。坦白說,跟我過去所從事的行業相比,文化事業真的是太微小了。我從沒想過,我有一天會從事這個行業。但人生的境遇,豈是可以預料的呢?萬卷樓最辛苦的時候,在朋友的邀請下,我毅然決然地投入參與。當時,很多人都不看好,認為「大廈將傾,一木怎扶」。但我不這麼認為,我覺得「在逆境的時候,有人起高樓;在順境的時候,有人樓塌了」。一個企業能否成功,不在他處於順境或逆境,最重要的是經營的人!如果人對了,仍然可以逆中求勝,敗部復活。或許這是我作為客家人的「硬頸精神」吧!但這樣的性格,卻也讓萬卷樓逆勢

成長,經營到今天。

　　一個工作,能夠讓我從事這麼久,除了「硬頸」的執念外,最重要的還是有「成就感」。這種「成就感」的來源,並不是說賺多少錢,而是在於工作的意義。從事一個工作,找到對自己的意義,我認為是一件非常重要的事。因為,這是一種願景,也是一種期待。如果工作,只為糊口,那可以從事的工作太多了。如果工作,只為賺錢,那可以賺錢的工作太多了。對我而言,從事萬卷樓這個工作的意義,要說是「發揚中華文化,普及文史知識,輔助國文教學」,這是演講稿才會這樣說。雖然不是假的,但有點矯情。真心而言,我希望身邊的人都能夠因為我的關係,獲得更好的生活,得到更好的收穫。「照顧好身邊的人」就是我工作的成就感與意義。

　　我在萬卷樓這段時間,我看著公司的同仁,陸續談戀愛、結婚、生子、買房,過上安穩的生活,有著幸福美滿的家庭,那就是我的成就感。公司的同仁中,在萬卷樓成家立業的,就有五位,其中還有一對夫妻檔。他們的婚禮,我都出席祝福,見見他們的父母和家人。看到他們對於孩子在萬卷樓上班,感到很放心,我也有一種如釋重負的感覺。作為一個企業主,背負的不只是對企業的責任,也背負著對每一個員工和家庭的責任。這些同仁在公司一待便是十五年、二十年,這麼多年不會想離開,我想這也是我的一種成就吧。

在我剛來萬卷樓的時候，有個師大國文學系的小女孩來敲門，她問我能不能在萬卷樓打工，因為家裡窮，需要自己賺學費。我表示歡迎！從此，她下課就來公司，聽到鐘聲再趕回學校上課。四年後，她順利畢業，考上教職，交了男朋友，結了婚，生了孩子，過上幸福的日子。在離開萬卷樓前，我認她做乾女兒，到了今天還保持聯繫。逢年過節，對我的問候，比親生女兒還勤快。

　　當時，還有一個研究生，他研究文字學，經常過來看書買書。有一天，他怯生生的跑來跟我說：「老闆這個書太貴了，我錢不夠。能不能分期付款，先幫我把書保留下來。」他想把身分證抵押給我。我說：「你把書拿去，有錢再拿來付就好」。到了今天，他已經成為師大國文學系的教授，仍然經常過來看書買書，看到我仍然怯生生的打招呼。看到他的成長，我也認為這是我的成就之一。

　　三十年在萬卷樓，可以回憶的事太多了。這些事，可能都是一些小事。但在我經營萬卷樓的過程中，這些事給我帶來的成就感，恰恰是我努力工作的意義。過去飛黃騰達的歲月，當時賺的錢，可真多啊！每天燈紅酒綠，結交一群酒肉朋友，一旦我面臨困境，便一一離我而去。現在想來，那樣的人生又有什麼意義呢？

　　在萬卷樓，過著平實的生活，追求穩健的經營，讓身邊的人安心工作。行有餘力，讓同學們來實習，看著他們成長，

看著他們得到收穫，看著他們認同萬卷樓，在萬卷樓接案子、甚至加入萬卷樓的行列。我想，這是一種成就感，也是我工作的意義！同學們請我寫序，我把這些小事，跟大家分享。也期待同學們，未來找到自己工作的意義。

萬卷樓圖書股份有限公司總經理

梁錦興　謹誌

二〇二五年八月五日

# 張序：上一堂不一樣的實習課

張晏瑞
萬卷樓圖書（股）公司總編輯兼副總經理
國立臺灣師範大學國文學系兼任助理教授

臺灣出版產業是一個極具特色與生命力的行業，即使受到少子化、數位浪潮的影響，整體閱讀率下降，出版產業仍然展現旺盛的生命力，在各自專精的領域，出版優秀的作品。出版產業並不是熱門行業，加上產業分工較細，多屬中小企業的特性，以至於產業的努力，往往少有人關注。

國立臺灣師範大學國文學系於二〇二一年起開設「出版實務產業實習課程」，由筆者擔任授課教師，分享出版產業的從業經驗與產業技能，並安排實習活動，讓有志於從事出版產業的同學，能夠在國文學系課程的涵養下，增加實習機會，培養就業技能。課程開設迄今，已經連續開課四年。為了提供同學實作的機會，並藉由課程所學，產出帶得走的能力與成果，每年均由同學記錄課程心得與實習經驗，編輯出版成果專書，作為分享，並為誌念。

二〇二三年本課程榮獲國立臺灣師範大學深化產業實

習補助計畫全額補助。為了提供同學更豐富的課程內容,以及更貼近產業的觀察,藉由實習補助計畫的機會,規劃同學們前往出版社,進行參訪活動。透過實地的參觀、訪問,驗證課程所學的內容,並撰寫訪問心得,彙整成編。一方面統整學習經驗,另方面為出版人留下紀錄。透過受訪者的分享,同學們可以貼近產業現場,並重新反思出版實務的工作內容,建構出版企劃、圖書編輯、印刷發行等出版工作中,各個環節所遇到的問題,並提出想法。

為了較有系統的進行採訪和報導,初期規劃參訪以「學術出版社」為主。未來將繼續藉由課程的開設,陸續訪問其他出版社。行有餘力,也會跨出學術出版的範疇,進一步安排採訪其他出版類型的單位。首批參訪的出版社是:臺灣大學出版中心、臺灣師範大學出版中心、萬卷樓圖書股份有限公司、書林出版有限公司、元華文創股份有限公司。今年參訪的出版社為:新文豐出版股份有限公司、華藝數位股份有限公司、秀威科技股份有限公司。這三家公司分別跨足傳統、數位、印刷等領域,不僅享譽業界,也各擅勝場,值得同學們進一步觀察了解。感謝新文豐高道鵬總經理、秀威科技宋政坤總經理、華藝數位陳禮澤經理,慨允接受採訪,不藏私的分享和充分的反饋,給予同學們不少收穫。

除了採訪之外,為了更真實呈現求職過程,課程中安排了履歷撰寫與面試教學。一方面協助同學撰寫履歷;另方面

要求同學自行聯繫出版單位爭取實習。這個過程，其實就是未來求職面試的過程。有的同學順利找到實習單位；但多數同學，往往都被拒絕。其實，學習接受「被拒絕」的過程，也是同學未來進入社會，必須具備的能力。為了讓每位同學，都能完成實習。承蒙萬卷樓總經理梁錦興先生的支持，提供萬卷樓的資源，支援本課程的實習活動，至為感謝。同學們到萬卷樓實習，一方面學習，另方面也參與萬卷樓的工作。由公司同仁，做為輔導員，協助指導同學。同學參與的工作，就是萬卷樓的正式工作。過程中，承擔最大壓力的，便是主責的編輯同仁。要手把手地教會同學，也要確保同學產出品質的正確。在實習結束以後，同學們獲得了實習經驗和工作技能，編輯同仁也獲得小幫手，協助完成部分工作。

梁總經理為了感謝實習同學和編輯同仁的付出，由總經理作東，宴請同學和編輯們吃飯，表達感謝。同學們從未出過校門，很少有參與正式聚餐的經驗。餐會上該如何應對進退，相互交流，表達互動，拓展人脈，都很生疏。因此，實習的最後一堂課，便是指導同學們「如何安排聚餐」。從餐會名單的開立，邀請函的撰寫和回應，到餐桌禮儀，以及座位安排，透過實例與同學們分享經驗。

其中，講到喝酒與敬酒的部分，同學們最為興奮。喝酒不好，喝醉更糟。那為什麼餐會中，總是會準備酒水呢？席間為何要頻頻勸酒和敬酒呢？該如何應對才得體？要如何

身而退,同時保護自己呢?談生意真的要喝酒嗎?面對大家種種的疑惑,在最後一堂課解密教學。

梁總在餐會上,準備了酒水和飲料。我們不鼓勵同學飲酒,但鼓勵大家練習敬酒。在「以茶代酒」的指導原則下,同學們分別向總經理、主任、師長和同仁致意、互動,也與共同修課的同學相互交流。從生疏到熟悉,從緊張到歡樂,體驗了一堂不一樣的實務課。對於梁總經理的安排,以及同學、同仁們的辛勞,致上最深的謝忱。

張晏瑞　謹誌於萬卷樓<br>二〇二五年八月

# 編輯匠藝——出版人心中的刻刀

吳華蓉
國立臺灣師範大學國文學系

實習,對我而言意味著從校園跨出邁入社會的第一步,以及需要鼓起從舒適圈走出來面對新場域的勇氣。緊張之中帶有面對新事物時,從心底燃起的期待,從面試開始,一直到在萬卷樓實習的最後一天,回首這些片段,都意義深遠,彷彿能清楚看見一路走來由淺至深的足印,踏實來路,並推著我進續前行。

## 一 面試大哉問

隨著年紀逐漸增長,無可避免地會遇到需要面試的場合。而所謂面試,並不單單只是一種流程的名稱,其中的核心概念,在於「如何表達自己」。說是如此,除了實際對談,無聲勝有聲的「表達」也非常重要,且通常顯現於不常被宣之於口的各種小細節。俗話說「魔鬼藏在細節裡」,任何一個小地方都可能成為閃光點,面試前的準備、面試中的表現、面試後的禮節,每個部份都不可疏忽,同樣是讓別人能

夠在茫茫人海中看見自己的機會。透過這次在萬卷樓進行實習面試的經驗，我學習到不對結果過分執著，但求將所有能盡之處做好，是最穩妥、也不愧於心的做法。

就像購物時，商家們都會拿出自家商品最好的一面，吸引客人購買，面試誠然也要懂得「包裝自己、推銷自己」。比如提前準備面試問題，並留意服裝儀容以及郵件往復時的禮節等，積極爭取任何可能的機會；到了面試當天，則將自己的優點展現給面試官，不要落了微笑，進而提升別人對你的觀感；面試後，無論結果順利與否，都要寄一份感謝信，表達感謝，是人之常情……有許多要注意，屬於「社會人」的細節和潛規則，不得不說是頗為現實的，對我這樣的「新鮮人」來說，卻實為對症下藥。

聽取老師的講解與回饋時，有一點令我印象深刻。面試不是面試官的一言堂，作為面試者，自己同樣有提問和提出要求的權利。或許沒有工作經驗，所提出的要求很難站得住腳，但若在適度程度內提出，除了是維護自身的權利，也是一個能夠和面試官拉近關係的機會，讓面試官覺得彼此之間「聊得來」又「投緣」。對於如何掌握談話的氛圍，以及自信地闡述所想，我認為這點依然是我能夠持續探究並學習的地方。

## 二 理論和實務距離

由於平時對美編有興趣，也有自學 Illustrator 和 InDesign 等相關技能，因此除了文字編輯，實習期間我也接觸了美術編輯的工作事項。文字編輯的項目，主要有《國文天地》雜誌的內容校對、ISBN 書號申請、整理書籍等等。其中又以《晚清民國的學人與學術》這本書接觸最多，從三校、點檢開始，到透過郵件與排版、印刷廠商聯繫等標準環節都是由我經手，藉由實際操作執行，令我對一本書的誕生流程更加熟悉。而在書籍誕生後，便來到「銷售」的主場。因而我也見識到了不少行銷的學問，比如書籍定價和打折價之間的小玄機，又比如學習在網路平臺上編輯書訊來宣傳出版書籍等，一切都和「怎麼將書籍賣出去」這個命題密不可分。

美術編輯，則有負責《國文天地》雜誌的排版和廣告設計，經過詢問，也得以有機會經手《不畏虎——打虎般的編輯之旅》一書的封面優化和本書封面的全新設計。有了這樣的經驗，我對於「書本」的印象不再僅停留於書架上一本本封面精美、內頁乾淨整齊的「完成品」，而是更進一步深入見識到書本還是「半成品」時的狀態。而編輯在其中的角色，便宛如一位雕刻家的大腦和手，只窺見石塊中隱藏的「原樣」不夠，編輯是經由不斷地溝通協調甚至實際「操刀」，

來使一件藝術品自每一刀的雕琢下誕生,綻放自有的光輝。

若問,編輯實際到底是在做些什麼?實習前,回答不了是因為不了解,實習後,依舊無法應答,則是因為知道了太多,反而無從落口。單一句「就是讓書能夠順利出版」,其中卻包含了如此複雜而細緻的過程,也唯有親自經手實務流程才能夠切身體會並有所了解。我認為這也是在學校學習理論和真正出社會接觸產業實作之間的差別。

課堂上的理論,是給予了設計圖,讓人以整體視角認識一件雕塑;而實務,則是落成雕塑所需下的每一刀。當你必須實際將理論化為現實時,理論所遇不到的實際層面問題便會不斷湧出:「這塊媒材要是什麼材質、大小?」、「這一刀的角度、深度如何?」、「日後要做給誰看、放在哪裡供人觀賞?」、「又要由誰來搬運、生產?」這樣的問題意識,造就編輯實務上需要留意之處細瑣繁雜,應對時也須保有一定彈性和靈活應變能力。如進行稿件處理時,以清晰而敏慎的思緒進行校對;在職場上與作家、合作廠商、前輩們之間互動時,也有相應的禮節、默契和合理的進退之道等等,都是如此。

## 三　去蕪存菁的編輯匠藝

而不論負責什麼樣的工作項目,態度上,作為一位實習

編輯，我感悟頗深地認為必然要做到的一點是：不要怕發問。積極發問並保有面對疑問處進行討論、修正的動力，才有可能學習到更多東西。聽來或許是老生常談，就實際而言，你若將疑問放到最後，等真正需要親自執行時反將無所適從，最後甚至造成失誤和時間浪費，得不償失。有疑問，代表保持著問題意識，重複進行著思考與判斷；尋求解答，代表已經準備好承接那份責任，對其有所認知。米開朗基羅面對石頭，要如何將困在裡面的大衛釋放出來？那即是鑿去不需要的部分。在校對稿件時，手中握著紅筆，找出需要修改的地方，是在雕琢書的內容。而問題意識與解決問題的能力，則在雕琢「如何進行」這件事本身，更在雕琢自己。我所感受到屬於編輯的那份匠心匠藝，莫過於此。三個月的時間並不長，然箇中體悟在質不在量。開拓了視野，懂得如何轉換自身觀點從「服務者」到「被服務者」，更在收穫的同時審視自身，理解到還能再精益求精的地方。

　　實習結束，不等於腳步停佇。也期許在這之後，無論去往何方，都可以緊握心裡那把刻刀，一鑿一鑿，並逐漸看見一個更好的、已具雛型的自己，正破石而出。

## 作者簡介

吳華蓉，二〇〇三年生，國立臺灣師範大學國文學系學生，水泥叢林臺北人。喜歡閱讀、寫作、平面設計，對美與獨特的事物情有獨鍾。筆下的文字常在理性和感性間來回跳痛，總習慣性祈禱靈感之神臨幸自己的腦子。自認為對書的「癡」已無法戒除，希望未來依然和書本維持糾纏不清的關係，無論以何種形式。

# 實習編輯的正確打開方式

林孜穎
國立臺灣師範大學國文學系

## 一　實習小當家

在決定選修出版實務產業實習當下，其實對即將發生的一切全然沒有概念。於我而言，實習只不過是學習的另一種形式，與在學校沒有區別。然而，親身經歷過書寫履歷自傳、電子郵件求職，再到面試取得工作崗位，最後作為一名社會新鮮人實際上任，我徹底改變了想法。這個故事，還得從面試準備開始說起。

面試於我而言並不陌生。舉凡參加社團、系學會、活動招工、校外打工等，都得經歷這麼一遭。以往面對學長姐和不同單位上級，不論內心如何緊張，當下都強迫自己須以沉穩自信的態度來面對。畢竟，展現出面試官可能看重的人格魅力，再適度強調自己專業的一面，十有八九穩穩上。然而，來到萬卷樓面試，明明已知是不會被淘汰的走過場環節，依然使我不自覺地心跳加速。為此，我早早到了大樓底下，深

深吸氣，隨後搭乘電梯上了六樓。

站在玻璃門前，心下忐忑，怯怯地伸手推門，接下來有趣的反轉讓我有想撞牆的衝動——前來迎門的櫃檯小員竟笑而言「這裡是營業部，是書店。咳！真是鬧了好大一場烏龍！」尷尬而不失禮貌地微笑，我故作平靜退出六樓。在電梯裡稍稍重拾心情，我反而感到平靜許多，可不，這麼搞笑的事都做了，還有什麼更糟糕呢？好在，命運待我還算寬容，這回總算順利找對地方，成功進入九樓編輯部辦公室。

被引到會議室稍候的空檔，我忍不住打量這袖（狹）珍（小）可（逼）愛（仄）的空間，試想它與項脊軒誰更勝一籌？不過須臾，總編輯領著一位員工姐姐進來為我面試了，後來才知道，她也曾是這堂課的一員，畢業後選擇正式加入編輯行列。面試過程沒掉鍊子，正常發揮，所以一如往常順利。不過，我果然還是太嫩了！事後檢討，總編輯竟說他提問時有故意挖坑引我下套，而機（蠢）智（萌）如我竟因為完全不知情而恰巧避過，傻人有傻福，古人誠不欺我！

除了這個意外收穫，這次面試令我感受最深是營造面試氣氛的重要性。或許是壓抑緊張感無形中引起，也可能是過於執著展現沉穩自信和專業，態度和語氣過於嚴肅平淡，顯得生硬，終究適得其反。比起展現優勢加分項，面試更應該是一場自然而誠懇的溝通互動，面試官眼中理想的特質，應是輕鬆但不隨便，誠懇大方，游刃有餘、侃侃而談的自信。

## 二　淺談微實習

　　入職當天，跟在以邠老師身後認識同事，又學著上手實操業務、了解編輯流程和注意事項。林林總總事務紛至沓來，如雪片般堆滿案頭，望著工位，瞬間心煩意亂。甚至於有些大逆不道地想著：萬卷樓沒給薪水，卻讓實習生做這麼多事，簡直倒反天罡、泯滅人性！但是，自己選擇的路，哪怕哭著跪著也得走完，我認！於是，埋首工作中，一面參閱手冊章程學習，一面主動請教以邠老師。我逐漸從懵懂無知的問題兒童，漸漸能自己上手大部分事務，距離成為能獨當一面的合格實習生好像就只差最後一哩路。

　　我原以為校對稿件考驗的是耐心和細心，實際體驗方知磨練的是精神意志和好眼力。編輯過程注重的絕非小細節和小錯字，而該掌握格式統一、書眉、數字、字體字型等大方向，才是最省力又能兼顧效率的最佳做法。起初我沒能參透這個道理，導致稿件進度拖沓緩慢，還看得眼睛乾澀兼精神嚴重耗損。經總編輯點撥，成功掌握訣竅，作業速度才如坐火箭般神速。修煉過程大抵如此，沒有人可以一蹴而幾，也沒有誰強得像個外星人一樣，天知道看起來輕輕鬆鬆輾壓他人的背後，是多少和著血的努力。或許正應了賣油翁看似雲淡風輕的那句：「無他，惟手熟爾」。

　　正式上工後，本以為六十小時漫長，未料連續幾週風雨

無阻，大半時光就這麼過了。每週兩次到編輯部報到，看著手上第一份稿件《亂世和末世的自我救贖：中國近代的知識分子》從厚厚一摞到徹底清零，從零星標註到滿江紅（此為誇飾法），又從一份電子檔轉為具體的樣書。摸著手中淺紫色的封皮，成就感油然而生。工作進展有成倒是其次，更重要的是明顯感受到自己在進步成長。不論是書本校稿、微信公眾號貼文製作，還是與萬卷樓的同事互助協作，或是與菩薩蠻、百通、維中等其他公司項目對接、郵件溝通。不同情境造就多重機遇，抓緊每一次機會，從中汲取養分，便能不斷自我提升。

## 三　百分之四十的編輯

隨著實習期邁向尾聲，我終於能靜下心來好好回顧這段過程。

所謂「編輯一番！實習小當家」聽起來是個美好願景，但是，我並非極富滿腔熱血、熱情的文字工作者。一開始，也只憑一股來體驗生活的衝動，半點決心和目標都沒有。可我並不後悔。人生所有體驗都是修煉，這一趟實習編輯之旅，成功讓我從「小菜雞」昇華為「百分之四十的編輯」，可喜可賀！為什麼只是百分之四十呢？絕對不是只為了玩梗，而是對自己的定義和要求。

作為一名文字工作者，我尚且合格，至少我是這麼認為的！然而，作為一名出版社編輯，我可以負責任地說，竭盡全力了還是不合格。嚴格地說，我缺少作為一位真正編輯應具備的專業知識，支撐我完成實習工作的是規章制度和老師協助，沒有這些助力，我不過是臨陣磨槍、紙上談兵，很難完成得漂亮。此外，實際接觸編輯工作後，我清楚體認到自己欠缺對這份工作的憧憬和期待，也並不適合這樣的工作環境和方式。雖然我不是擅長社交的Ｅ型人，但是整日與稿件為伍，和文字打交道，透過冰冷的電子郵件與人溝通，長此以往，我將無所適從。

　　值得肯定的是，為了將工作盡善盡美，我積極努力、主動請教，善用資源去達成任務，絕不愧對《亂世和末世的自我救贖：中國近代的知識分子》責任編輯的頭銜。沒錯，承蒙不棄，我有幸在版權頁留下姓名，當了一回責任編輯，這種感覺真的好奇妙又好虛榮！此時此刻，突然好想大喊一聲：「媽媽，我上電視了」！

　　走入出版實務產業的領域，敲開編輯世界的大門。親眼見識其中奧秘，見證一本書從無到有的過程。從質疑編輯到理解編輯，最後成為編輯。最終，你能找到實習編輯的正確打開方式。

## 作者簡介

林孜穎，高冷搞笑女一枚。極致龜毛兼佛系之矛盾合成體。愛作夢，卻又很實際；總是三分鐘熱度，莫名堅持卻很多。

# 「字」我成長闖關手冊——
# 實習之路所見所聞、所思所感

林沛萱
國立臺灣師範大學國文學系

## 第一關　成長的起點就是打破舒適圈

　　目前已是大三的我，即將面臨從學生身分到社會新鮮人，要開始踏入大人口中「殘酷」的社會。過去每個階段，都經歷身分轉變，成長之路上不可避免產生惶恐害怕的心情。總是對未來想像各種可能，有美好的憧憬，亦有可怕的「腦補」。或許因為如此，我選擇這堂關於出版實務產業實習課程。關於實習，在認知中，實習代表著以學生身分轉至社會人的新手適應階段，是一段可以勇敢去嘗試、去了解、去犯錯的時期。也以此認識產業的整體運作流程。

　　關於出版社產業，對過去的我來說有美好憧憬與幻想。成為一位編輯，可以自己決定想出版的書籍，許多影視作品也賦予編輯職業浪漫的標籤。

但現實並非如此，出版產業現今被認作是夕陽產業，且編輯也不如想像中浪漫，網路上不時有文章抱怨編輯這份職業。各種聲音，使我對這份職業產生困惑與好奇，事實究竟為何？或許只有親自體會才曉得。

## 第二關　履歷、面試禮儀知多少

雖然出版實習課程已與萬卷樓配合，但晏瑞老師認為體驗一次完整的面試流程非常重要，也是邁入一門產業必經的流程，因此希望我們能夠透過這次機會好好準備。關於面試的第一步，首先要有一份拿得出手的履歷。履歷撰寫有一定的格式與撇步，好的經歷固然不可少，但能將自我長處與特質以清楚且有系統的方式呈現，必定是錦上添花。而透過撰寫履歷，也是對自己的生涯進行回顧與反省，並且隨經歷增長不斷修正履歷，應對各種突如其來的機會可。

而除了履歷撰寫，晏瑞老師也指導我們職場禮儀與面試技巧，對於面試公司有一定的背景了解，並且主動問候表現禮貌，爭取機會，定能留給人深刻印象。面試過程盡量以不卑不亢的態度應對面試官之拋問，別為了面試問題高談闊論，也別為了迎合對方將自己的位置放得太低。服裝整潔與面帶笑容，營造自信大方的模樣是最能吸引人的。

# 第三關　獲取編輯的三大技能寶劍

　　萬卷樓位在六樓與九樓的位置，六樓為業務部，而九樓則屬於編輯部。萬卷樓編輯的特別之處，不同於其他的出版社，除了編輯工作之外也要了解業務的流程。因此在實習期間，我們要了解書籍編輯過程，也要能夠學習關於行銷的方式，兩個部門都必須親自體驗。因此在實習期間，主要培訓技能圍繞著三項核心：關於校稿、行銷與溝通。

## （一）行銷支線挑戰

　　關於行銷，是我進入萬卷樓面對到的第一個工作。萬卷樓的特別處之一為出口臺灣圖書到大陸，而大陸主要使用的社群媒體則是微信，因此針對大陸市場設計這樣的行銷模式。透過在微信公眾號發布書籍資訊，以群聊方式推銷書籍，吸引有興趣的讀者購買。只要讀者下單，即可寄送，中間不必經過各種經銷商的抽成，亦能將書籍送至消費者手中，是一個很不錯的方式。

　　因此在製作微信公眾號的文章，必須羅列出清楚書籍資訊，如書名、封面圖、作者、目次、內容簡介、售價與聯絡方式，將消費者所需要的書訊以正確與簡潔有力之排版完整呈現，讓整體銷售過程流暢順利。

## （二）校稿支線挑戰

在實習過程中，我認為校稿的工作是最需要細心與耐心的。一份稿件的頁數最少將近兩百頁，想要將所有文字、排版格式、標點錯誤全部校正，幾乎是不太可能的。在校稿的過程中，當面臨到非自身專業領域的內容，擔心自己的校正會不會影響文章的意思。即使稿件已經過二校，依然在校稿時發現修改遺漏之處。尤其是下午精神不濟時，常常頭昏眼花，感覺字句在紙上飄移，因此在校稿上花了許多時間，也體會到校稿的無趣。但畢竟是成為編輯的必經過程，即便有些枯燥乏味，也要努力完成。過程中也發現一些趣事，稿件的開頭錯誤通常較少，但到了中間與後段錯誤陸續冒出。這似乎和我校稿時一樣，剛開始閱讀尚有耐心，但後期就容易疲勞導致一些錯誤未被揪出，也可以看出人的專注度有限，因而需要規劃適當進度才能保持校稿的品質。

## （三）溝通支線挑戰

編輯工作除了上述之外，最重要的就是溝通技巧。編輯作為橋梁，除了與作者溝通外，也要與外包人員接洽，溝通的成效也影響書籍最終的呈現。在完成二校後，將稿件傳送給排版人員，除了特別說明哪些地方需要多加留意外，也要記得通知對方希望稿件送修完成的時間，才能讓後續作業持續推進。而老師在課上也時常告訴我們，溝通真的是一門學問，尤其是與作者溝通。

如何有效的「催稿」，也是一門藝術，像時不時的問候關心等等，最重要的是不要害怕催稿，若是稿件沒有準時完成，才真的是大麻煩呢！

## 最終關　檢視過往，開啟勇者之路新篇章

　　雖然我的實習之路尚未結束，接下來也要進行關於行銷方面的工作挑戰，但在這段期間仍學習到不少出版知識，也讓我對於出版產業有更深入的了解，收穫許多職場經驗。從履歷與面試開始就受益良多，從前的我對於這些事情一竅不通，透過老師課程中的叮嚀，發現這之中有許多細節是值得留意的，也往往影響一個人能否錄取的關鍵。而實習期間體驗了校稿、製作微信公眾號、與廠商溝通、申請書號與包書的工作，也採訪了秀威出版社，收穫不少前輩對於出版產業的看法和願景。如此多元的內容也讓我意識到編輯不是只有編書這樣單純的工作，往往在各方面都需要涉略了解一些，也不禁佩服出版前輩的能力，而我也認為在這條產業路上還有許多地方是值得我去探索學習的。

　　除此之外，也非常感謝在實習道路上遇見的老師、編輯與同學，尤其是晏瑞老師、以邠編輯與秀威出版的鄭經理。老師在課上將豐富的出版產業知識與甘苦談傳授給我們，並且非常鼓勵我們在實習期間嘗試各方面的工作內容；

而編輯前輩們在實習期間給予我許多指導，在我有問題時也盡力協助，讓職場小白的我面對事情能夠更有信心與游刃有餘；而在訪談時能與鄭經理暢聊，收穫許多出版產業的創新想法，也實際參觀數位印刷廠，與課程所學相呼應。不後悔自己當初選擇了這門產業實習課，除了豐富了我的成長經歷，也給予我寶貴經驗嘗試未曾觸及的領域，感覺自己在成長的道路上又更進一步了！

## 作者簡介

林沛萱，二〇〇四年生，目前就讀國立臺灣師範大學國文學系三年級。還沒想好未來要做什麼，但平常的興趣是看卡通，像是我們這一家、蠟筆小新和哆啦 A 夢，是一個像小學生一樣的大學生。

# 卻見星圖高掛

邱義茗
國立臺灣師範大學國文學系

## 一 探索定位：認知迷雲與初入出版之觀察

### （一）未命名之世界：認知局限與迷思

「這是個嶄新的新天地，許多東西都還沒有命名，想要述說還得用手去指。」對人而言，缺乏認知的事物往往會被當作「不存在」。並不是說它不存在，而是人有或無意識地忽略了。譬如，現在不必再像荷西・阿爾卡迪歐・波恩地亞以人力探索，便可輕易獲知馬康多的全貌，且依舊能肯定其為真實。但……如果地圖過時了呢？如果仰賴 GPS 回傳的資料，不是此時此刻恰好存在的結果，那又會如何？還能信賴嗎，還能相信其為真嗎？倘若必須依靠現在，才能確信其為真，那「我」所存在的每一刻的過去又是什麼？

## (二)刻板印象與浪漫揣想

在踏入出版產業以前,我的思維尚停滯於當代社會之刻板印象——夕陽產業,短短一詞,宛如釘上了死囚的頸枷。更不用說在如今重工輕文的時代,作為文科進身的道路之一,更是要重打五十大板,讓人為自己的選擇好好懺悔;而同時,很是奇妙地,出版產業和文學關聯在一處,於是又彷彿是羅曼蒂克的,有著詩與遠方;或者還能摻雜一點對於報刊、報社、印刷廠的想像。

## (三)初入行的驚訝與反思

期待匯聚成一處,初次踏入萬卷樓,反而沒有太多的激情,更多的是對於所見光景的訝然,除書架上一本本閃爍「萬卷樓」、「昌明文化」之名的書籍,隱隱地提醒著這裡的身分,說這是任何一處地方的辦公室都不會使人懷疑。甚至這點在之後採訪新文豐出版社時又再度經歷了一回,新文豐的出版物陳列起來巍然可觀,氣質遂也相合。

## 二 字裡行間的實踐:書籍完成的過程與細節

### (一)一本書的完成

編務工作——我願稱之為「一本書的完成」。包含和作者溝通書籍的排版、印刷方式,前後共計三次的校對,書稿對紅,向各家廠商詢價、比價,申請書號、製作書訊,確認

樣書，最後印刷付梓。看似簡單，但每一步都暗藏門路，光校對就是折騰人的累活，倒不是身體有多疲憊，而是眼球倦怠、精神勞牘，其他的過程也需不斷地在反覆確認和書函來往間交互。

### （二）挑戰與細節拿捏

校對時，必須字斟句酌，先是閱讀，然後糾錯，若不是親自接觸過，不會曉得箇中的難處。不僅需思考錯在何處，也需考量如何修改。修改不是大筆一揮，增刪全憑所想，裁定自在己手。編者固然被賦予拿捏文稿的權力，但毋忘作者始終是作品的產出者、文稿的第一決定者。凡更動原稿，勢必得事必躬親地向作者請示，因此不能任個人主觀認知和個人好惡主宰，那不是編者所應為。即便有機會刪修原稿，理由也並非是為了書稿的齊一與否，而是由會否影響閱讀來定奪。

### （三）統一與標準的考量

如何做到全書統一，永遠是編者所要優先考慮的。譬如通同字，與其為了符應標準一一修改，不如遵循出現頻率較高者一併修正。也是為何出版社須訂定社內的校對標準，標準不明確，則改動駁雜，註記難認，非但無益，反徒增困擾。

### （四）AI與人工校對的比較與價值

有人可能會好奇，編者花費極大的力氣在校對上，但人力終有盡竭，若依凡例，比起 AI，這樣的校對方式又有何優勢？事實上，校對不是求得唯一解或最佳解的過程，編者只是茫茫讀者的其中之一，沒有什麼高尚的理由，也並非為了太偉大的使命，世界的意義存在世界之中，校對的意義在於反映讀者的閱讀習慣，並以此做出調整。

### （五）校對工作的深層意義

人類的介入所帶來的不僅是修改表面的錯誤，更是一種深層的理解和共鳴。機器可以識別語法的規則，但卻無法辨認文字中隱藏的情感與意涵，而這正是編者存在的意義。正如出版的目的在於使作品「被看見」，校對的意義不僅限於傳遞知識，而是能讓知識更好地被傳遞下去。

## 三 變革浪潮：數位化與未來想像

### （一）社群工具的應用與出版變革的啟示

實習期間，除了份內的編務，還需用秀米和微信公眾號平臺製作及發布書籍推介文，雖說萬卷樓出版品終究屬於小眾，毫無經營、管理社群的實感，但這種活用輔助工具完成事務的能力正是現代社會所需要的，也許 AI 的道理與之相同，給予人的啟示不單是變革，還是一股新浪潮。

## （二）書籍行銷的傳統與新興模式

幾十年前，誰能想到科技會進步得如斯神速，甚爾慢慢融入生活，成為大家如今熟悉的樣子；誰能預料到電商平臺的興起，網路購物的蓬勃發展。從過去傳統的書籍行銷模式，在實體書店鋪貨，在官網上架，再到和電商平臺、網路書店合作，而現在晏瑞老師已在籌劃直播、實況和虛擬實況等新興的行銷帶貨方式了。

## （三）未來發展的可能性之光

對未來的猜測，無非是科幻小說之筆或小叮噹一樣的奇想，而當其成為現實，人們又不得不受其驅動，如引擎，又如地球和公轉的軌道。

# 四　意義之再議：定位所在方向

## （一）拉扯與平衡

實習的日子裡，我以為自己將習得更多技術性的知識，然而最終令我銘記於心的，卻是一場場微妙的拉扯與平衡。人與文字之間、作者與編者之間，甚至是科技與人性的對話，無一不是如此。在這條出版之路上，每一項工作、每一處環節似乎都在不斷提醒著我：存在的不只是表象，還有其背後的細節與關聯，都需要耐心與細心去梳理、體會。

## （二）經驗與思想的累積

字裡行間不僅是文字，也是經驗的沉積與思想的延展。我們所接觸的書稿、作者的聲音，像是歷經時光的鏤刻，又像被遺忘的古老星空，在漫長的傳遞過程中，一部分消失了，一部分保留下來，恰如張愛玲〈愛〉中：「噢，你也在這裡嗎」，於某個瞬間，被某個人看見。

## （三）傳遞瞬間的永恆性

也許，文字的命運與星光無異。此際所見的星空，可能是數百光年前的微芒，而被看見的，只是在傳遞時恰好被捕捉的剎那。GPS 的回傳也是一樣的嗎？在頭頂上、無限延伸的穹頂也是一樣的嗎？要前往哪裡呢？大概是和全世界的天空相連吧！

## 作者簡介

邱義茗，二〇〇三年生，願望是學習宮澤賢治〈不畏風雨〉：

「不輕易發怒，總是靜默微笑／日食四合糙米、味噌及少許蔬菜／多聽多看多了解，然後不妄言／乾旱時流下眼淚，在寒冷的夏日不安地踱步／大家都說我是傻子／不被人稱讚，也不給人添麻煩／我想成為／那樣的人」。

但能如此，餘生亦無所求。

# 書展掠影與編輯日常——
# 一名實習生的出版初探

**康藝寶**
臺灣師範大學國文學系交換生

　　出版業是知識傳播的重要橋樑,它連結著創作者與讀者的雙向需求,影響深遠。而對我這樣的出版業「門外漢」來說,進入這個領域既新鮮又充滿挑戰。在這次萬卷樓的實習中,我有機會深入了解書籍製作的幾乎每個環節,從校對核紅到最終印刷、發行,無一不讓我感受到這個行業背後的龐大心血與細節。

　　特別值得一提的是,我有幸參加第二十屆海峽兩岸圖書交易會。此番難得的經驗,讓我感受到兩岸出版業的合作與文化交流的多樣性,也幫助我打開了視野。以下我將從實習初體驗、書展中的深入探索與日常工作反思,詳細記錄這段收穫滿滿的旅程。

# 一　實習之初

實習第一日，我懷著忐忑的心情走入了萬卷樓圖書出版公司。作為一家歷史悠久的出版社，萬卷樓在古籍出版與文化推廣方面享有盛名。與我以往對出版行業「輕鬆」的想像不同，實際上，實習工作充滿了繁瑣的細節。

## （一）角色的轉換——從學生到職場人

作為一名大學生，長期習慣於學術性的思考模式。實習中，職場效率與結果導向的環境，自我要求必須迅速適應。第一週的任務是跟隨熟悉公司的內部流程，包括稿件校對的格式標準、如何與外部印刷廠進行溝通，以及製作公眾號文章、包書等等。這些看似基礎的技能，卻需要在實踐中不斷學習。

## （二）初次的挑戰——細節中的磨練

編輯的工作對細節有著極高的要求。在校對書籍時我曾遇到多處標點符號的用法不一致。雖然這些微小的問題不會影響整體內容，但出版的嚴謹性要求我必須一一檢查。經過幾次反覆修改，我逐漸掌握了如何平衡細節與效率，也深刻體會到文字工作的責任感。

## 二　前進書展

　　海峽兩岸圖書交易會是一年一度的出版界盛事，匯聚了來自兩岸數百家出版單位，旨在推動兩岸文化的交流與融合。能夠親身參與，之於我而言，既是機遇亦是挑戰。

　　十月十六日，我獨自來到主會場花博公園圓山爭豔館。剛入展館，迎面而來的是各式展臺的排布，從精緻的文學書籍到豐富的兒童繪本，每一本書都像一扇窗戶，展示著不同的文化世界。

　　我作為實習生的主要任務是隨機訪問十位出版人，取得他們的名片。雖然任務看似簡單，但如何開啟對話、自然地切入話題，對於我這樣一個相對內向的人來說，是不小的考驗。

　　藉由這一機會，我不僅在實習中學習到專業技能，還有機會接觸到不同文化背景的人與事，這讓我的視野得到了極大的開拓。我結識了來自多個出版社的業界前輩，並通過書展與許多同行建立了聯繫。特別是與廈門外圖的交流，為我未來的職業規劃提供了更多可能性。在與這些出版人的對話中，我逐漸明白，人脈不僅是交流的媒介，更是行業發展的潛在資源。

## 三　日常實習

隨著海峽兩岸圖書交易會落幕，實習亦邁入相對平穩的階段。回歸萬卷樓日常編輯工作，面對更多細緻且實際的挑戰。日復一日的文字處理與溝通協調，讓我從中體會到出版行業的艱辛，也在不知不覺間，提升個人的專業能力。

### （一）校對的藝術──從讀者視角出發

作為實習生，校對是我的核心任務之一。

看似簡單，但實際操作起來卻頗具挑戰性。實習期間，我主負責楊念群教授《昨日之我與今日之我──當代史學的反思與闡釋》一書的校對和出版，書中多處涉及專有名詞與地方方言，為了保證內容的準確性，我不得不反覆查閱資料，避免自己做出錯誤的校對。

在此過程中，我學到了兩個重要的觀點：一是，內容的準確性是出版的生命，任何細微的疏忽都可能影響讀者對書籍的信任。二是，讀者視角的考量，即要站在讀者的立場思考文字的清晰度與可讀性。「站在別人角度看問題」的方式，不僅提升了我的專業素養，也讓我更具同理心。

## （二）協調工作的挑戰——在溝通中找到平衡

出版業是一個涉及多方合作的行業，從作者、編輯到印刷廠與設計師，每個環節都需要無縫銜接。在實習中，我有幾次負責與排版公司、印刷廠溝通的機會。溝通的關鍵在於尊重彼此的專業，同時保持靈活性與耐心。

# 四　實習中的反思

這次實習不僅是一次專業技能的鍛鍊，更是自我成長的契機。從最初的手足無措，到後來能獨立完成一些基礎任務，我感受到自己的進步，也逐漸找到了努力的方向。

## （一）克服恐懼，勇於挑戰

初入職場時，我對與人交流充滿畏懼。但隨著書展的歷練與日常工作的推進，我慢慢學會如何克服緊張，主動與人建立聯繫。這種轉變不僅讓我在職場中更加自信，也讓我更加珍惜每一次學習與提升的機會。

## （二）細節中的專業追求

實習期間，我逐漸發現，出版業的魅力在於對細節的追求。無論是文字校對、版式設計，還是書籍策劃，每一個環節都需要用心對待。這種對細節的堅持，不僅是對讀者的負責，更是一種專業態度的體現。

## (三）良師指路

在實習中，張晏瑞老師的身份不僅是萬卷樓公司的總編輯、副總經理，還是臺師大「出版實務產業實習」課程的老師。張老師的悉心指導無疑是我收穫最多的部分之一，他不僅以豐富的行業經驗為基礎，為我們這些初入出版行業的實習生提供了寶貴的知識與實用建議，更在細節處體現了其作為一名資深出版人的專業與洞察力。

老師對個人的關注與指導更令我印象深刻。他會認真傾聽我的問題，並在具體工作中指出我的優點與不足。他曾經在一次校對工作中表揚我的細心，並建議我在流程規劃上更有條理；他也會分享一些專業出版人的思考方式，幫助我們從宏觀角度理解一項工作的意義。這樣的鼓勵與指導，讓我對自己的未來發展更加充滿信心。

張老師還教會我如何更好地與業界前輩交流。在參加書展時，作為一名學生，我並未準備個人名片，這讓我在請求交換名片時有些猶豫。老師經驗老到地即興做出示例，建議我放下拘謹，用誠懇的態度直接提出需求，實在讓我受益良多。這種自然且尊重對方的方式讓我在與業界人士的交流中更加得體，也讓我逐漸克服了自己的緊張情緒。

張晏瑞老師在課堂上和實習中幾乎毫無保留地分享他的行動和思維方式，以通俗的語言和循循善誘的教學方式，

為我們構建出版行業的基礎輪廓，而這些正是即將步入工作的我求之不得的。因此，我慶幸自己還保有好奇心，在來臺灣交換的這一學期選擇了「出版實務產業實習」一課。

此外，萬卷樓行政主編林以邠老師作為我在萬卷樓實習時的領路人，手把手幫我梳理工作流程，安排工作內容，為我解答每一個細節問題，幫助我發現自己的工作中的不少缺憾，而老師的溫柔又使我能夠鼓起勇氣繼續面對工作，讓自己做得越來越好。

## 五　展望未來

這次實習讓我對出版行業有了更深的理解與熱愛，在未來，我希望能不斷提升自己的專業能力，並探索更多的創新模式，為兩岸文化的交流與融合貢獻自己的力量。作為出版人，專業能力是最基本的要求。

未來，我希望能在提升學歷的基礎上，進一步學習更多編輯與策劃技巧，同時提升自己的市場敏感度，對行業趨勢有更清晰的把握。出版業不僅是一個行業，更是一項文化使命。尤其是在兩岸文化交流的背景下，我希望自己能幫助更多優秀的文化作品被更多人看見。

## 結語

　　書籍是一個世界,而出版則是讓這個世界與更多人相遇的過程。在萬卷樓的實習經歷,讓我看見了書籍誕生的每一個細節,也讓我更加珍惜作為出版人的責任與榮耀。我相信,這段經歷將成為我未來職業旅程中的重要起點,激勵我在人生這條路上不斷前行。

# 關於實習編輯的學問

張逸芸
國立臺灣師範大學國文學系

## 一　前言

　　從幼稚園開始(甚至學齡前)每個人都已經摸過書了。求學階段,除了教科書,受學校的閱讀計畫等影響,也借過不下百本書閱讀。與書最熟悉的關係是站在讀者角度與之接觸。進入國文學系後,認識古書裝訂、書本構造;觀看過《宅男的戀愛字典》(《編舟記》改編電影)及其他一至二集之相關電視劇,猶不滿足於此。秉持這份興趣,選修「出版實務產業實習」課程,開啟探索編輯之路。

## 二　課程理論

　　開始接洽實習工作之前,老師介紹課程設立的目標,即培養出版產業的人才。每份工作都是一門專業學科,從入職到真正能獨立作業,需要時間與人力的投入。本課程即是「出版業入職訓練」。

提到如何看待實習,「從貢獻中尋求學習機會」這句話令我印象深刻。建立「做中學」的心態,是踏入實習工作的第一步。

　　「親身實踐」是有效且快速地學習方法,亦能立即檢驗其成效。而每週老師講授的課程,則是實作學習的基石。出版產業從古至今的發展歷程,深入淺出地引導問題思考:現已不是官方掌握出版權的時代,卻在科技進步的歷史中,需要面臨知識載體轉移的大哉問。這不僅是出版產業的課題,亦是每一位學習者在獲取知識的過程中,必不可少的審慎考量。此課題沒有正確答案,在出版產業,編輯可以透過創意企劃交出答案卷。

　　編輯的工作,不是把書編好就結束了。在課程和採訪時體認到,編輯同時也要對市場業務有所瞭解,才能出版好的書,而不至於一味地埋頭編書,落入閉門造車的困境。因此,課堂中花了不少時間講授討論市場現況、銷售模式、產業發展等議題。不是學生,也不是讀者,我們或成為出版者,或扮演經銷商的角色,面對老師的提問,回應用何種方式賣出庫存書籍;思索如何利用新型態的數位印刷提高銷售量;提出預售、募資等銷售模式。老師則以萬卷樓實際運用的、成功的案例分享,說明長尾理論,並延伸介紹幾家出版的經營方式與方向。

編輯方面，出版企劃要符合出版社經營目標，結合創新思維尤其重要。比如萬卷樓出版名不見經傳的現代詩社介紹，即做了其他出版社沒有關注到的領域，以此避免與他人競爭。世界不會停止發展的腳步，編輯也要隨之不斷吸收學習各個領域的養分，成為出版產業開花結果的動力。

## 三 實習實務

### （一）溝通

於學習歷程中，與編輯相關的經驗僅有參與畢業紀念冊製作，及擔任臺北文學季「編輯招募中」特展志工，因此校稿及其他編輯工作幾乎是從基礎學習並實作。面試後，老師回饋意見時說：「編輯是需要大量與人溝通的工作」。經過第一週實習旁聽了編輯交付樣張，校對與編輯交流校稿意見，便深切體會到職場溝通的重要性。作者、總編輯、排版、校對、印刷廠商，每個流程都需要與人交談，並確認資訊。不論是雙方面對面或電子信件往來，具備仔細謹慎的態度，是工作流暢推進的必要條件。電子信件「鋩角」多，收件者、副本、密件副本、主旨、內容說明、插入簽名，送出前得再三檢查。

某次校對後，寄信請排版小姐修改，忘了撰寫修改書背寬度的內容，還好信件有副本給編輯老師，她即時在回覆已

上傳檔案的信件中,一併協助修改。不足與粗心大意的經驗,更警惕自己要學習更加細心地完成工作。

## (二) 校對

因為喜歡與文字打交道,面試便提出想參與書籍的製作過程。實習的重要工作之一,就是校對《中國的近代轉型與傳統制約》。這本四百多頁的書,已在大陸出版過,此前經過萬卷樓實習生的二校,到手中,除了三校,也要與排版和印刷廠溝通,推進出版流程。

第一次校對,自然想要盡全力將每個細節做到好。老師說明,因為本書已經出版過,已經過出版社及作者溝通的階段,所以主要校對的內容為簡體轉繁體的正確性,與檢查是否有錯字。實際上,校對工作也包含了潤稿,但是仍然要注意不可隨意更動作者文章,有修改意見需要提出討論。萬卷樓出版學術書籍,有許多接觸引文及古典文獻的機會,校對修改要特別留意「正確性」。全書校稿完成,與總編確認編輯的進度,印刷報價結果也要向總編報告。每次實習都不斷地從實際與人溝通交流中進步與學習。

## (三) 版本

講究的讀者或許會追求初版一刷的特殊意義,可推想書籍版本刷次對出版工作又更重要。一版、二版、一刷、二刷,都有基本的瞭解,老師則藉機說明何謂「新一版」。一

般來說，一版或初版是常見通用的情況，會作「新一版」的形式，有兩種可能：一是與歷史背景相關。一九四九年政府遷臺。出版業為了區別在臺灣與大陸出版的不同階段，便產生「新一版」的用法。二是與傳統印刷有關。傳統印刷需要製作印刷版，在一次次製作過程中磨損，內容同樣沒有增修的前提，重新製版也叫新一版。由此窺見出版產業的歷史變革，多了「新」字，意義卻大不相同。

## （四）銷售

圖書銷售工作，以圖書查重和書籍推介為例。圖書館購書需要教師或學生推薦。於是萬卷樓便針對開設文史系所大學的圖書館，查詢其已購買萬卷樓圖書資料，並整理出未購入書目，提供給各校學者或圖書館作為購書參考。此為銷售圖書的一項作業。在圖書館網站查詢萬卷樓出版書籍，令人眼花撩亂，且查詢系統有時會重複已出現過的資料。

於是我換了方法，反過來複製萬卷樓圖書清單的 ISBN 到圖書館網站查詢。此外，還利用通識課程所學，撰寫 VBA 程式，刪除標記資料就方便許多。找到適合自己的工作方式，才是最有效率的。微信公眾號亦是推廣、增進銷售的管道。學習如何利用「秀米」製作圖書推薦的圖文，雖然有套制式規定，仍須注意排版及美觀性。因為萬卷樓圖書在兩岸皆有銷售，微信公眾號不論是臺灣或大陸的讀者都能獲得資訊。然而此平臺有發布的限制，且臺灣的讀者較少使用，

其他社群平臺的推廣同樣不能捨棄。

## 四 心得收穫

　　關於出版課程，理論與實作的收穫同等重要，二者扎實地建構出版工作技能的根基。說來慚愧，身為國文學系學生，說自己喜歡閱讀、喜歡文字，但是閱讀速度卻慢。因為理解速度不快，也因為喜歡反覆咀嚼玩味文字。於是起初校對進度有些落後。過了摸索時期，漸漸地找到校對的方法，也就是做筆記。記下書中的用字、標點、註腳等體例，培養對內容的敏感度。

　　經歷校對體驗，我認為自己閱讀書籍與校對雖然有共通點，卻不是同一件事。前者是知識的汲取，後者更專注於文字的正確性和編排。雖然在國文學系累積一定的閱讀經驗，直到校對學術書籍後，竟也有「書到用時方恨少」之慨。

　　實習讓我瞭解，編輯也好，校對也罷，出版的每個環節都不是單打獨鬥，而是環環相扣的。背後不易見的，是深厚的功力和閱歷。其他所見所學，像是申請 ISBN、書籍估價、瞭解萬卷樓整理文化大學出版書籍的方向等，亦很有一番心得與受益，此處不及備載。

　　《編舟記》：「辭典是一艘橫渡文字大海的船。」

那麼編輯就是造船的匠人。雖然編輯校對的工作相當繁雜，其中的心力只有經歷過才能體會箇中滋味。追求一本編輯排版完美無缺的書，似乎是不切實際的，但編輯的工作就是盡所能完成出版。我仍然喜歡這種與文字與書籍交流的方式，也由衷地珍惜一本書的誕生。

## 作者簡介

張逸芸，桃園人，貓派，對絨毛沒有抵抗力。喜歡文字和閱讀，尤其鍾情於小說，偶爾畫畫。以觀察人類為趣，厭惡踏進複雜的人際關係中。常被說是計畫型的 J 人，卻嚮往趁興而行的生活態度，是矛盾的選擇困難症患者。志願將想做的事優先排序於必須做的事。

# 編輯的巧克力夢工廠

彭馨褕
國立臺灣師範大學國文學系

高中時就進入校刊社的我，對於「做書」一直懷有夢幻的想像，因此發現系上由萬卷樓總編輯暨業務副總經理張晏瑞老師開設的「出版實務產業實習」後，二話不說就加入選課清單，開始修習後，才發現編輯與我的想像略有出入。

我擔任校刊社的副編時，以為編輯就是定期採訪他人，爾後撰寫稿件並加以編排樣式的工作；然經修課後，了解出版業的高度外包的性質，注定編輯須具備良好的溝通能力，以便和作者、排版、印刷、設計人員，甚至主編討論，一本書可說是由編輯將眾人的意見及成果融合而成的作品。

因緣際會下，我來到出版學術書籍為主的萬卷樓圖書實習。而出版「實務」，也可以是出版「食物」，對愛書成癡的書蟲而言，書籍正是最好的精神糧食。我認為出版書籍的過程猶如將可可豆經高度加工成為巧克力的製程，最後產出宛若黑巧克力沉郁苦澀的學術論文；有著白巧克力絲滑順口的回憶錄散文；或調味巧克力獨特香氣之個人出版品。

一如《刺蝟》（Le hérisson）電影中門房荷妮・米榭太太（Renée Michel），擁有一整間藏書的她酷愛品嚐巧克力，而且她覺得只要稍微改變咀嚼巧克力的方式，就能獲得不同以往的全新風味，書籍何嘗不是如此呢？

## 發酵

編輯接獲作者原稿後，首先須整理稿件，例如：統一體例、確認樣張，才能將稿件外發給排版公司進行排版，此階段就像採收完可可豆的發酵製程，必須透過不斷翻攪、整理才能去除其中的酸味、不合理之處。編輯必須先確立章節的層級，並予以不同的字體、字級，製作成樣張，以便後續的章節能直接套用樣板，這個過程可說是編輯書籍和加工可可豆的重要基礎，若處理不當，後續將會造成許多麻煩。

## 乾燥

正式排版完後則進入校對階段，又可分為一、二、三校。在我尚未踏入編輯的夢工廠前，以為校對就是對照原稿，從目錄至版權頁逐字逐句地檢查。作為校對階段的第一步，需先翻閱全書進行結構式的俯瞰，例如：再次確認文章標題層級的體例是否合理無誤，紀年、註腳的體例如何。

擁有大略概念後，才開始校對正文文稿，若不先掃視全

編輯的巧克力夢工廠

書而直接改動，文章格式可能會前後不一。

以我負責的《域外五臺山》此書為例，作者的引文註腳有時是「頁○」、有時是「○頁」、有時是「第○頁」等；英文文獻的頁碼也分成有加註單頁用的「p」、兩頁以上用的「pp」、無加註。全書體例混亂，故須先釐清整體，觀察作者多數使用何種格式，後便以此格式為主加以改動。專業人員校對過一次後，二校稿往往交由作者親自校對，確認前次修改內容是否仍符合作者要求，三校就交回編輯手上再次確認，也就是我此次實習工作的校稿校次。三校較前二校輕鬆，由於年代紀年、名詞術語、語句句法已確認無誤，且我負責的書乃由簡體書轉為繁體出版，故我大多是做版面、註腳、標點符號格式的確認。在乾燥的過程更強調時時翻動可可豆，以免貯藏時仍含水分而發霉，校對也是如此，須不停確定修正內容無誤，是否符合邏輯，馬虎不得。

每個人從母親的孕肚中「出廠」後，都必須向戶政事務所報戶口，獲得一串證明公民身分的號碼，同樣地，書籍出廠後也需要一組身分證號碼，也就是 ISBN 以便進入國家圖書館。而因申請認證的工時較長，故通常會於三校時就先向國家圖書館送出申請，拜現代進步的科技所賜，只須上網填寫書籍的相關資料，例如書籍語種、總頁數、分類類別、是否附有光碟片⋯⋯等逐條詳實填寫即可。

## 烘焙

　　將三校稿再交付給排版人員,得到回稿後即是所謂的「清樣」,也就是在製作樣書前再次總確認。原以為經過前三校的來回修改,清樣時正文的更動應該不多,結果根據點檢表一一從封面封底、目次頁,到最後版權頁的檢核時,居然也發現不少大問題。例如內文的章節名與目次的章節名稱不同,英文文獻之作者名稱也因翻譯,正文用字與目次有所出入,甚至因三校的調整,使後半章節頁碼皆與目次相異……諸如此類問題。因為三校修改不少項目,牽一髮動全身,故清樣時更須注意調整後的格式是否合於目次與編排邏輯。然而在我點檢完稿件,交給此次實習的指導編輯──林以邠小姐後,她卻能以一目十行的速度翻閱,且指出許多應修改的細節,令我目瞪口呆。

　　諸如標點符號不可在一行之首,即「避頭點」;且章節名稱必須隨文章出現,不能分開;章節起頭頁必須是奇數頁,即「單頁起」……而這些編排原則也是我在清樣時才有所了解。另外圖表和圖說也不可忽略,需確認圖片標號、內容、說明與內文相符,以邠編輯也建議我將圖片標號與圖說分離,可使圖說呈現更清晰。同樣格式也可套用至援引文獻列舉處。因文獻為條目式列舉,故不須使用段落縮排,如此讓作者名與文獻名分開也可使閱讀更順暢。

烘焙為影響可可豆風味的關鍵過程，清樣自然也是，在製成樣書前須一再確認，大至版權資訊小至章節書眉都是點檢項目，如此一來才不會造成樣書反覆印製的麻煩。

要送印樣書前，需先填寫報價單，確認作者和出版社想要的印製效果為何，例如封面是否需要燙金、凸紋的特殊效果，扉頁和內頁紙張的材質和磅數，書籍要橫排還是直排……種種，皆必須標示清楚。而後寄信向合作的印刷廠窗口詢問價格，多方比價後選出最優惠合適的廠商就能準備送印樣書。

## 脫皮

將可可豆碾碎去殼，即得可可豆仁，再研磨加工後就是巧克力，一如清樣後印製的樣書。樣書為正式印刷前的最後一道工序，確認稿件的內文版權資訊皆無誤；裝訂成書後的編排樣式是否符合預期；封面內頁所加的特殊效果成效如何。重重把關後，就可以送入工廠開始加工，正式印刷。

## 精煉

可可豆仁精煉後變為可可膏，而壓榨可可膏可再得可可硬塊及可可脂；書籍送印後，一一將扉頁、序文、目次、內文、版權裝訂成書，再結合封面封底，一本書終於誕生！

## 包裝

　　張晏瑞老師在上課時曾說出版社不只要做書，更要賣書，千里馬也須有伯樂賞識才能發揮牠的價值，因此編輯在此階段的工作就是賦予書籍一個引人注目的「包裝」。誠如各家廠商在精煉後的可可脂中加入不同比例的可可粉、糖及其他香料等，才能產出帶有獨特風韻的巧克力。而編輯的工作，就是要將書籍的風韻介紹給讀者，因此需要製作書訊卡，內容包含書籍的基本資料、內容概略及作者介紹，以便之後上架到萬卷樓官網，網路書店如博客來、誠品、金石堂書店，及實體書局販售。

　　而我在實習期間遇過最特別的通路，即是「微信公眾號」。老師在課堂中曾提及臺灣出版品最大的出口市場即為大陸，故萬卷樓也有部份的訂單來自大陸市場。因為大陸市場的特殊性，萬卷樓經營微信公眾號定期推播新書上市資訊，有需求的顧客就可透過微信與萬卷樓業務人員接洽。因此編輯必須將製作好的書訊卡內容改為微信發文的特定格式，其實與在臺灣發文使用的格式並無太大差別，惟針對發文的字眼須更謹慎斟酌。

## 入庫

　　巧克力經生產包裝完，在未上架前，需先進入倉庫等待訂單到來，書籍也是如此。在實習中，我到萬卷樓的實體書局幫忙，將印刷廠送來的成品，約以八到十本為一落，用防水牛皮紙緊緊包裹起來，送往倉庫中存放。雖然現代多採數位少量印刷，但仍需節省倉儲空間，所以要儘可能地包緊一些，同時也能防止書本受到潮氣灰塵汙染。最後還要在牛皮紙貼上書名、書系、數量……等資訊，以便倉儲人員找尋書籍，且貼在哪裡也有學問，一般會貼上、側面兩面，讓管理人員能快速地找到，不需要反覆翻動。

## 綜合巧克力

　　此次實習時因緣際會，有校對三份雜誌《國文天地》的稿件機會。和一般學術書籍最大的不同在於，因雜誌的篇幅有限，考量到閱讀方便及版面乾淨，因此註腳會直接附註在引用資料後，也不像論文會附註在全文後的格式，這樣讀者就不需反覆翻閱。且雜誌特點為便於閱讀，故有時會是當刪減註腳文字，以呈現重點為要，這點也與學術書籍力求資訊完整的編輯方式稍微不同。

另外由於《國文天地》雜誌廣納世界各地的投書，校對一位福建師範大學研究生關於文字學的研究時，雖然他很貼心地將簡體轉為繁體稿件，但主編特別提醒我，文中引用許慎《說文解字》的文字中，「从」皆被改為「從」；「象」也被改為「像」，故須加以改正。

　　說來慚愧，縱使身為國文學系學生，但上述細節若無經驗豐富的主編特別指點，我可能真的不會發現其中玄機。

## 作者簡介

彭馨褕，為甜醬油膏而驕傲的府城人，最大的興趣是蒐集店家並品嘗各式美食，為此還在社群媒體 Instagram 上創辦一支美食帳號紀錄那些流過的口水，卻敗給自己的拖延症而荒廢許久。也喜歡能把三千煩惱絲埋進土裡的捏陶，理想是像女媧般創造許多古怪可愛的作品，但目前只達成古怪。因為喜歡看書所以也好奇如何做書，為此目前正在學習中。

# 編輯奇旅志──邂逅文字迷宮

黃佳宜
國立臺灣師範大學國文學系

## 第一章　請多指教

　　實習序幕總是以充滿期待與未知開展，第一週的主要任務，不外乎是熟悉實習環境及人員安排。初次見到真正的萬卷樓編輯們以及交付到雙手的校對說明書，當時的我對於個人事前準備充滿信心，帶齊鉛筆、藍筆等文具。

　　然而，聆聽校對說明書時，卻發現所需要的工具卻是我一開始就排除的「紅筆」，更糟糕地在於我沒有準備直尺，成為真正意義上的無「尺」之徒。接二連三地出其不意，使我意識到準備的不充裕之外，也反思在細節上的自信是否過於盲目？凡事總得往好處想，有時候只是少了一處關鍵點，慶幸自己及早發現，將這些經驗汲取為成長養分。

## 第二章　字我尋跡

（一）沒有蠢問題，只有笨回答

繼上週正式編輯工作啟動後，我發現老師們總不厭其煩地表示凡有不確定、不清楚、不明白者，一定要詢問他們。除了是提醒大家詢問細節的重要性，也是展現對編輯工作的責任感。這使我想起一句話：「沒有蠢問題，只有笨回答。」我想起自己曾經在賣場找不到某項商品，硬是把繞著貨架仔細查找的固執經歷。抱持著不打算求助，只依靠自身能力去處理的想法，不僅浪費時間也耗費心力。比起獨自在架上搜尋，不如直接詢問店員。反而更迅速且正確，這點，應用於校對以及校對之外的領域亦是相同道理。

### （二）校對外的多重體驗

學術書的嚴謹性與專業性讓初次接觸的我感到壓力，尤其是文字結構簡練、用語古典的特點，需要反覆揣摩才能準確理解。除了充分感受到知識重量外，校對進度緩慢進行，也於不知不覺間，落入「彈性疲乏」之態。

正巧，以邠學姊說臨時任務——近史所加印書籍需要從六樓實體店面搬到九樓的人力。日程從枯燥的校對轉為體力挑戰，使我回想起高中時的暑期打工——搬運各種高中教科書導致鐵手、鐵腿的惡夢。

隨即忐忑思索難道惡夢再次重演，但總編輯的一席話證明了我的多慮。團隊合作是該任務中重要的策略，因為每一箱書籍都有一定的重量，一人搬運很容易受傷或事故。於

是和華蓉分工一同從六樓運送至九樓，避免負擔過高。甚者，是推車在出入高臺階、轉動方向上的操作。不僅感受到了知識的「含金量」，也身體感受到這甜蜜的負荷。

## （三）秀米貼文製作

此外，學習製作微信公眾號文章時也接觸到秀米這款美編工具。每位實習生需製作五篇文章，過程中也或多或少感受到創作樂趣。儘管只需套用模板，但找到與書籍風格契合的素材、調整色調也是考驗對於美術的欣賞力。既要有創意思維，也要扎實完成實務細節。

做貼文著實是軟硬結合的一門工夫。由此可見，一本書從拿到原稿開始，到最後順利送到消費者手上，是編輯部與業務部共同努力的成果。並非只單純揮灑紅筆、快速擺動著直尺校對一項項細節。

# 第三章　細節指路從不迷路

身為一名國文人，怎能輕言放棄校對有關中國建築相關的學術書籍大好機會呢？縱使雄心壯志，苦於一次性閱讀整張文稿，反易將字體看成一長條黑墨。

在校對過程中，偶然發現利用尺子對齊文本，可以避免眼花。又能夠迅速發現內文錯字。譬如，記憶中，上下文是

梁啟超前往美洲一事。我望著「游歷」二字，再聚焦至「游」字。剎那間，梁啟超泳渡太平洋的鐵人三項畫面感如煙花綻放，彷彿一首流行樂曲。一字之差，使我深刻體會到校對的重要性──細微之錯都可能對讀者造成誤導，甚至砸了編輯招牌。

## 第四章　誰說編輯只碰文字呢？

回想一校《古代中國建築概說》封面，對於作者為何用語古典、文言文句式的萬般變化等疑問，霎時迎刃而解──作者樂嘉藻是清朝人！然而，作者生卒自清代跨越至日據時期，究竟該如何呈現呢？第一次，以國字呈現數字為「一八六七年生，一九四四年卒」。但標注時並沒有明說在封面上的「絕對位置」。以致於封面二校時，來到我面前的是一張不合預期的封面、亦揭露一場失敗的溝通。

文字能傳達的效果終究有限，相比文字，或許以圖像呈現會更清晰也說不定？即使編輯對文字之敏銳度較高，仍不該置創意和跳躍式思考於外。思慮再三，決定以「簡畫」呈現，構思簡潔且富有表達力。三校時，亦確定封面不必再修改。活用編輯符號和文字，大概就是與排版人員「溝通」的核心吧！「封面」儘管是書籍誕生的必經階段之一，藉由實際操作體會其細節之處，可謂是一段難得的體驗。

## 終章　校對成長趣

　　針對先前修改的內文進一步優化、掃描完畢後,需負責後續詢價、內文與封面修訂以及進行三校流程。看似單調,卻是出版流程中不可或缺的一環。同時詢價更需要撰寫電子郵件與廠商聯絡,與外界溝通的重要性不言而明。

　　寄信廠商事宜,別於平時和同儕的互動。要表達禮貌之時也表達清楚自己的需求。詢價時,我曾忘記插入個人簽名或將書籍頁數等重要資訊搞混需要再重新表達歉意。甚者嚴重在於,被學姊提醒過信後一定要附上「有勞您協助」的末尾。若信件中沒有提及,會使收信者感覺不被尊重。需要再多加注意!

　　逐步累積專業技能後,有一支線任務「降臨」。張晏瑞老師請我嘗試一次校對。此次歷練,我並無使用萬卷樓提供的校對指南。也許這早已經間接證明,已和當初的自己有所不同了吧!

## 心得與省思

　　藉由到萬卷樓實習的機會,得以一見出版產業與編輯工作的全貌。對我來說,勝任編輯工作的這學期,如同經歷一場精彩的冒險旅程。有啟程、有試煉、還有一起奮鬥的夥

伴。即使相聚的目的相異，但不可否認地是我們都和進來萬卷樓前的自己有所不同。本身謹慎思考的我，在實習期間覺得最大收穫是「不害怕提出問題」，對心性的磨練上，感受到了實質的提升。即使遇到問題，也不會自亂陣腳，而是懂得開口尋求老師們的協助，並找到最適合的方法。也收穫了許多意料之外的禮物和饋贈。

當我收到樣書，看見名字現於版權頁時，有股莫名地的成就感。校對工作，讓我感受到校對不僅僅是發現錯誤，更是一種與作者、編輯同心協力的創作過程。因為每一份稿件都是由人員們接棒而成，並不是只有我一人作業。來到萬卷樓實習，不僅是一次技術上的鍛鍊，也是一次內心的成長。我從最初的自信不足、忽略細節，到逐漸掌握校對的要領，並勇於嘗試美編、排版等多樣化的嘗試，都使我受益匪淺。無論是搬運書籍的體力挑戰，或應對時效性任務的心理壓力，出版行業需要的不僅是專業技能，更是對細節的追求與對學習的渴望。未來，我能夠將實習中所學應用於更多實際工作中，繼續在出版領域發光發熱。

## 作者簡介

黃佳宜，臺灣師範大學國文學系三年級。身為臺南人但手搖從沒喝過全糖（若為了心靈健康仍有偶爾為之的打算）。對 IKEA 鯊魚玩偶、貓咪和甜點毫無抵抗力。雖然是獅子座但吃素。成為師資生後，察覺個人志向並非當老師。為避免「危人師表」，仍在尋覓真正熱愛之事，相信能親手編織未來的全新篇章。

臺灣學術出版采風錄　一
秀威資訊科技股份有限公司

　　　　　　面對產業轉型，
複合式出版社的創新思維與因應之道。

# 踏訪書籍誕生的職人之路

黃佳宜
國立臺灣師範大學國文學系

## 一 前言

那是我未曾聽過的一家出版社——秀威資訊。起初,甚是好笑地將其認作「威秀」。這般胡鬧,屬實代表了我對秀威資訊的第一印象。惟課堂時,張晏瑞老師曾提及過關於秀威當時為最早數位印刷的龍頭。同學們能前往參訪,即是難能可貴的學習機會,必定要好好地把握。

面臨資訊氾濫、撲朔迷離的時代,出版產業也無可否認將面臨轉型的抉擇。秀威又是如何做到在變動中屹立不搖,甚至能成為中流砥柱之一呢?也許這名字,所承載地遠比傳承文化的理想與熾熱。

## 二 對接熱線——溝通學習永無止境

在聆聽張老師對秀威出版社的簡介後,我心中萌生一大膽想法——我想學習以電子郵件聯繫秀威出版社的工作。

穿梭於三者間的溝通任務，絕對不輕鬆。

　　堅信個人認知仍是過於淺短了些，既然都來實習了，總不能遇事怕事，能學便要盡力學習！況且信件功能不只是應用於後續萬卷樓期間的實習。我相信未來出社會後的工作中，也會扮演重中之重的角色。

　　從零開始的訪談邀約信草稿。再者，是與組員們集思廣益訪綱設計提問。儘管有將事情辦妥的決心，仍發生許多和預想中有所出入的事件。在撰寫邀約信的初稿時，我偏好使用「在下」、「後學」等謙詞。老師提醒說在商業互動裡，包含和其他公司的信件往來，都必須是「平起平坐」之立場。發覺為過往的學習經驗限制了思路與視野，以致於聰明反被聰明誤。

　　邀約信之草稿雖然給予對方全面性的尊重，可是一場勘比軍事會議凝重氣氛的訪談，如此撰寫，真的合適嗎？或許有更加適合的方式去表達師大同學們「參加訪談」的需求。歷經張晏瑞老師的一番指點，重新撰寫邀約信時，氣氛和原先相比也不再過分凝重。

## 三　收到回信了！下一步呢？

　　當收到宋總經理回信表明：「近年來我因公務較忙，甚少接受學生或研究單位專訪，您的訪談需求可洽本公司出

版部經理鄭伊庭,以下是她的聯繫方式⋯⋯」。好不容易放鬆下來的心情再度飆回嗓子眼。我並非因總經理頭銜誠惶誠恐,而是要再撰寫給出版部經理鄭伊庭。冷靜下來後也決心將其視為珍貴的學習機會。

後續回顧時,亦從信中觀察到先前晏瑞老師授課時提及的書信功能。例如:副本、密件副本、轉寄等,誠不欺我。

魚雁往返間,從秀威出版社同意訪談、回信告知雙方都可以的訪談時間、形式、地點等。甚者,小組內訪談大綱的完善,寄送訪綱初稿給老師,再查收修訂過的訪綱二稿。最後附件寄送給秀威出版社,並決定實體見面的日期。溝通之本質,即是保持從容、不厭其煩地將資訊傳遞予他人。可謂是一門考驗耐心和細心之功夫。

事前準備乍看下已告一段落,卻只邁入「熱身完畢」的階段罷了。隨正式參訪日將近,我仍記得心情無比雀躍之外,亦有無法言喻的忐忑和焦慮。

## 二 職人甘苦談

### (一)書籍與它們誕生的產地

信件中曾經提及「希望能夠參訪貴公司」的需求,於是正式的訪談之前,我們來到秀威二樓的印刷流水線。在此過

程中,無論是老師,亦或者是鄭經理都表明這些機器都可以拍攝,是沒有問題的。素材除了能增廣見聞外,也讓其他沒有採訪秀威的同學們也能夠看到數位印刷的機器。

我最印象深刻者是「膠裝機」,因師大國文學系部分課程,有時會需要領取老師自編講義或自行列印。此時影印店老闆都會熱心地問道:「同學,你要不要膠裝成一本啊?這樣就是一本書了。」每每領取成品,捧起端詳書皮和內頁完美貼合,直至參訪,實際見到真正的膠裝機。亦更加確定與我在師大商圈所見非常相近。只不過影印店會直接給予成品,膠裝過程較難得一見。當時我站立於膠裝機旁,好奇地望著專業人員操作。私心認為一本本書籍輸送到膠裝之過程,莫名紓壓。

再者,鄭伊庭經理曾提及一事,她本人是師大國文研究所碩士班畢業。對於後進學子的需求,有求必應。冰冷機械的印刷產線裡,插敘倍感親切的認親現場,我原先緊張的情緒也有所舒緩。

由於當時我沉浸於觀看膠裝產線,只知膠裝產線對面是一臺封面裁切的機器,主要功能在於切割膠裝後的多餘紙張。首先,有一處凹槽平臺能放置膠裝好的印刷品,平臺會逐漸升高,將其一本一本地放入當中。機器中的輸送帶能透過小窗口觀看,但切割過程並不明顯,因刀片的升降處,正好在窗口探頭望去的最裡面處。以肉眼難見過程,但裁切

好的結果卻顯而易見。

兜兜轉轉，再次搭乘電梯到地下的會議室。要開始進行採訪。映入眼簾的是兩排長桌，擺滿秀威公司的各類出版品。當下心中狂喜，也期待訪談落幕後，能帶走一些書籍。我掃視過去，也看到當時設計訪綱中曾提及秀威出版的一些影視化作品或是其他 IP 改編影視之著作。

## （二）國家書店

政府授權使秀威能夠販賣政府出版品的這個過程，是否是一輩子的招牌呢？鄭經理說國家書店是一種「政府標案」，由出版社根據經營模式去決定要不要參與投標，也需要按照政府需求，整個標案持續時間可能是三年到五年不等，若到期須再重新招標。然而，當出版社成功得標後，政府並不會給你一個店面讓你去賣，僅提供「銷售權利」。因此，實際運作的人力、店面、租金等成本，都是得標者需要負擔的成本。既然國家書店之實際運作上是如此，為何秀威仍毅然決然地選擇這條道路呢？

鄭經埋說主要有三點，首先就是國家書店的「稱號光環」，是有一定的口碑，和客戶介紹時也是其中一項吸引因素。再根據「銷售毛利」而言，國家書店的銷售量未必非常高，但仍有一定的獲利。

如果秀威只販賣自家的出版品，仍然是有限的銷售額。

況且要每天都賣到一定的數量才能讓公司不虧錢，如果加入了政府出版品，除了讓顧客的選擇更多之外，也拓展更多客源，觸及到潛在的客群等。甚者，政府部門的供貨量是穩定的，客群也亦是如此。因為全臺灣的行政機關有非常多，像師範大學也屬於其中一環。

## 四　為閱讀與知識傳遞初心

　　參訪和採訪必然給予許多故事和啟蒙。尤其事前準備之細節中累積的實務經驗，讓我更加體會到出版產業的現實和堅持所需的毅力，遠比老師在課堂上輕描淡寫帶過之種種。藉由鄭經理分享，瞭解到出版社經營策略上的應對方式與策略。商業考量之餘，更彰顯對書籍文化的熱愛與責任。此次訪談經驗是一場收穫滿滿的探索旅程，出版世界不單只有「書」或「書店」。這些出版職人們帶著對書籍與文化的熱情前行，為閱讀與知識傳遞初心。

# 寫下我們自己的故事——
# 秀威的創新與跨界經營

林沛萱
國立臺灣師範大學國文學系

## 一　創造一切可能——秀威經營特色與理念

　　在華人圈中，臺灣是一個在出版產業擁有極高自由的地方，我們能有暢所欲言的幸福權利。隨著現今社會的發展，自我意識也逐漸提升，我們重視自身的感受，盡可能實現自我需求。能盡情表達與被他人看見也成為一種自我滿足的方式，我們需要屬於自己的舞臺展現多面貌的自我。而秀威，提供這樣的個人出版服務，不再只有名氣作家被看見的時代，只要你有一顆樂於分享的心，就可以出版一本屬於自己的書籍。面對全世界數位化時代的浪潮與衝擊，促使出版社需要面臨產業轉型，而秀威也有自己應對的方式。

　　秀威出版社成立於二〇〇一年，數位出版之想法在當時的臺灣，尚且屬於一種模糊且新興的概念，許多傳統出版

社對於這樣的新技術並不了解，市場上的書籍大多依然維持傳統印刷、大量印製的方式。然而，秀威率先引入「POD」（隨需印刷）與「BOD」（隨選出版）的技術，跳脫傳統大量印製的概念，省去製版費用與印刷成本，電子化也可以隨時調整文件列印，可根據需求來出版。除此之外，秀威也經營自己的網路書店，減少銷售過程中的成本，並且獲得政府機關委託，經營「國家書店」維持穩定的獲利來源。可以看到秀威的經營模式朝向全數位化的出版系統，並以有創新、有系統、有規模的方式運營。

## 二　當文字走進現實──IP著作的經營甘苦談

全世界的影視產業蓬勃發展著，出版業和影視產業之間的連結越來越強，這提供了出版產業一個全新視野，開闢書籍另類的可能發展。而秀威在IP經營上也有自己的理念與堅持，全方位推廣IP著作的內涵與價值，並且至今為止擁有一千五百本以上的IP原創故事。

在二〇二四年，臺灣作者秀霖於秀威出版的《人性的試煉》有幸代表臺灣，前往坎城影展所主辦的「坎城電影市場展」參加提案活動，讓世界有機會看見關於臺灣的故事。

這也引發我們思考，如何將作品引入更大的市場，且不只侷限在文字書籍，跳脫書頁，能以更多、更動態的方式延

續作品的生命。在書籍被「影像化」的過程中，秀威的鄭經理坦言正努力學習，要如何以及發掘何種類型的題材在提案中是加分的。而鄭經理也表示秀威當初的理念也是希望臺灣創作者能夠說出自己的故事，也認為臺灣的影劇市場遲早要做自己的故事，不可能永遠在買賣版權，翻拍人家的東西。

但在經營 IP 故事也遇到一些瓶頸，出版一本書是相對快速的，但若是將作品影視化，這個過程則非常漫長艱辛。影視化要考量的因素繁雜嚴格，影劇投資成本高，往往是數百萬至千萬計的投資，並且需要開發商、媒合人、編劇等團隊，過程中也有隨時終止的風險。因此一本書從出版到影視化，可能需要十年的時間才真正能開拍。而作品被轉製成 IP 時，又是跨到另外一個產業，在影劇業的各種因素之下，所需要的成本投入跟期程，一定是比出版一本書來得困難。

不過 IP 經營也激勵臺灣的故事創作者，作品被看見的形式不再只有出版這一種，而是有不同的樣子。除了影視，也可以是漫畫，甚至是遊戲，各種不同的類型的媒合會激發創作者有更多元的思考，而不侷限自己的作品就只能以文字的方式看見。因此作者對自己的作品會產生不同想像，進而擁有一個被改編的夢想。

甚至一些作家積極看待自己的作品，一有機會就到各地提案，希望能改編成不同的形式。

不過鄭經理也提及,有些作家想被改編的目的性太強,也會影響作品本身的內容。由於影視作品在情節節奏、角色立體與敘事邏輯的方式與作品本身會有差異,作家可能會因此改變自己的寫作風格,甚至最後轉型成影視劇本的創作者,拓展另一方面的職涯選擇。

除此之外,作品影視化也會帶來銷量增長。若是影視化成功,可能會帶動劇迷購買原作的風氣,但也要在風氣正盛時抓緊銷售,否則熱度一過剩下太多庫存也很難賣出。而鄭經裡也提到,出版社也很難以曉得哪些作品是有機會大賣,只能盡力去提案、去嘗試。

儘管 IP 故事有困難之處,但也帶來許多無限可能。在經營方面需要更多的評估考量,也需要對市場敏銳洞察,以及對內容品質的堅持深耕。但也希望透過這樣的跨界合作,讓更多優秀的臺灣原創故事被全世界看見,注入新動能。

## 三 朝向世界邁進——海外市場拓展心路歷程

臺灣在華文地區中,是出版自由的代表。在全球化的浪潮下,秀威除了國內市場之外,亦將眼光放於國外的華文市場。秀威希望以「全球華文」為腹地,服務作者遍及全世界。秀威在出版競爭激烈的時代,採取多方面的靈活模式,對於非人氣暢銷作家,秀威也認為好作品值得被看見。因此在評

估作品是否能出版,秀威則有自己的考量準則。

尤其秀威歡迎海內外的華文投稿,收到內容也非常多,因此評估出版會以三個面向為主:內容、商業性以及製作上的可行性。

內容無庸置疑是一本書的精華,內容精采度和作者的文字表達能力都是書籍能否暢銷的重要因素之一,除此之外,內容是否有議題性與議題性的整體感也納入考量範圍。

就商業性去判斷,例如作品於現在市場與未來市場的熱度,但此部分很難百分百正確估算,因此作品的議題性顯得非常重要。各領域有不同新興議題,針對議題考量市場較有可衡量的準則。而作者的活躍度在臺灣出版界的影響較深,雖然知名作者本身就會自帶流量,不過因為秀威是以發掘各種創作者為主,作者的活躍度與其本身的客群會納入評估,但不會是出版最重要的考量點。

當然,秀威也會評估內部實際製作的可行性與難易度,例如油畫作品集雖然也可以數位印刷出版,但作品集需要較為精準的校色,可在評估之後決定其更適合傳統印刷還是其他方式。鄭經理也認為,作者、作品與出版社之間的搭配要考量適不適合而非喜不喜歡,彼此之間有良好的溝通與配合默契,才會讓後續作業更加順利。

而秀威在拓展海外市場也面臨艱難挑戰。海外市場,如

大陸、香港、馬來西亞、新加坡、美國等，秀威雖然有自己的銷售通路，但實際上海外通路銷售量還是非常有限。由於從臺灣出口到海外，過程中的關稅、運費等因素，使定價變得較高，海外並非以中文閱讀人口為主，且各國消費能力亦不同，所以在銷售上很不容易。不過像是「議題書」這樣的類型，在海外銷售狀況是比較良好的，比起文學書，其可替代性較低，並且符合當地議題的書籍在海外銷售情況相對較佳，相對吸引當地讀者購買。

但鄭經理也提到，若是以與海外出版社合作的形式，是可以繼續深耕開發的。例如秀威目前有代理新加坡的華文作品，新加坡的出版社認為臺灣具市場潛力而委託秀威編印發行。秀威也合作了許多華文創作，且臺灣的人力成本相較於歐美是比較便宜的，因此以合作的方式在海外市場拓展較為可行。作為民營的出版社，秀威也會對於市場訂單主動出擊，公司內部會針對各部門設立明確的業務指標，每月檢核進度，確保每一個環節都能朝目標推進。

秀威在市場的開拓雖然有許多挑戰，但某部分來說也印證了個人出版與數位出版更多的可行性。除了眼前的成果之外，也要將眼光放到長遠的未來，努力走在產業的前端，發掘出版未來的各種可能。

## 四 出版是一場長途馬拉松——心得與結語

當初選擇出版社時，瀏覽過各出版社的網站，最終被秀威網站中「勇敢出版自己的書」吸引，想起課上老師所說個人出版服務在未來出版產業會成為主要趨勢。秀威在數位印刷和個人出版可以說是開拓者，也對於秀威經營的模式感到好奇。

而當天採訪秀威時，鄭經理先是帶領我們參觀秀威自有的數位印刷廠，這也是我第一次參觀印刷廠，看見一本書的印刷過程。由於數位印刷是以隨需印刷的方式，因此不需要很大的空間來擺放機器，過程中也可以看見書籍隨時加印。而數位印刷適合非手感紙的書籍，以碳粉印刷為主，所以對於追求特殊紙或者色彩精準度高的作品就不太適合數位印刷。鄭經理除了介紹秀威與海外出版社的合作，也分享秀威經營 IP 故事的甘苦談。

而經理也提到爭取經營國家書店，是考量了在銷售上的穩定性以及多元性。也介紹了秀威的其他品牌，並分享秀威隨著出版書籍越來越多，在書系上的分類規劃也有需要更改的地方。

在採訪尾聲，我也詢問鄭經理關於秀威行銷宣傳的規劃。鄭經理表示，雖然在規劃上有努力經營多個平臺，但宣

傳的部分依舊需要流量，所以還是得和其他的專門平臺建立良好關係。不過擁有自己的平臺，才能不受他人限制以及讓其他人能夠自由轉發。

透過這次的訪談，我了解到一個出版社能夠長久經營必定要以多元獨特的眼光，走在產業的最前端，開闢自己的「藍海市場」。而未來出版產業也隨著科技日新月異有更多的改變趨勢，尤其出版產業逐漸轉為數位化、電子化的形式，如何打破傳統經營模式，多元經營與創新思維成為出版社的重要課題。

出版產業像是一場長遠的馬拉松競賽，如何穩紮穩打奠定自己的品牌特色，以敏銳的眼光看待市場，並且在未來轉變上能夠靈活應對，有迎難而上的勇氣與決心，才能在這條路上持續跑得精彩。

# 想像未來與實現未來的交集——
# 訪談秀威出版社

## 吳華蓉
### 國立臺灣師範大學國文學系

藉由「出版實務產業實習」這門課,我和課堂上的另外兩位同學有幸取得拜訪秀威出版社的機會,與秀威出版社進行訪談。之所以選擇秀威出版社作為採訪對象,是最初在瀏覽秀威官網時發現秀威的出版品非常多元,加上其特殊的「個人出版服務」和數位印刷,又負責經營政府出版品等等,對其的種種好奇,使我們最後決定聯絡秀威,也很榮幸邀請到編輯部的鄭經理撥空接受訪談。

過程中,不僅在訪談前的聯繫安排與準備上學習甚多,當天親訪秀威出版社的經驗更是令人印象深刻。透過與從業人士對談並實際參觀秀威出版社的印刷廠,上課所學不再僅只於課堂內,而是以鮮明的形象烙印於腦海,使我對秀威、以至於整體出版業有了更具體的認知。

## 一　臺灣數位印刷的濫觴與實踐

　　生活在二〇二四年，人手一機似乎已成了常態。時代的快速推進下，人們閱讀的習慣也產生了極大的轉變，網路成為了生活中接收並傳播資訊的載體，更有人直言，閱讀對現代人來說，已經成了一種「次文化」。現代人習慣於「短小」、「直接」、「快速」的資訊供給，比起文字更願意瀏覽影音，越來越少人擁有「常讀」、「長讀」的習慣，這樣的環境，無可避免地連帶影響了傳統以書籍為載體的出版業。

　　以往印刷書籍，使用的是傳統印刷，因為必須製版，需要較大的印刷量才能降低成本。透過大印量低成本的模式來經營對於過去的市場而言並不成問題，然而如今對實體書的需求日益減少，出版社如何降低囤貨帶來的附加成本反而成了一大困擾，而對於這點，秀威早於多數出版社，祭出了「數位印刷」這個選項。秀威不僅是全臺灣較早使用數位印刷、更是少數擁有自己的印刷廠的一家出版社。這樣特殊的背景，也使得這次的拜訪變得更加特別。

　　當天，抵達秀威之後，第一件事便是實地參觀秀威的數位印刷廠，讓只去過普通影印店的我大開眼界。踏入印刷廠，映入眼簾即是書籍的「身體」——整牆排開用於印刷之各式紙種。逐步深入，則是整個印刷廠實際樣貌。

秀威印刷廠面積不大，體現數位印刷的特點「少量印刷」，然而麻雀雖小五臟俱全，作為書本的「產房」，所需的這裡一樣不缺。

順著製書流程，我們在鄭經理的介紹下將廠房內的機器瀏覽過一遍：用於覆膜的上光機、折口壓線機、膠裝機、三面裁刀機……所有機器幾乎都是半自動甚至全自動化，使書籍製作在細部上更為精準，整體則更有效率。

印刷，分為碳粉印刷和油墨印刷，前者適合少量印製，後者則屬於傳統製版，適合大量印刷。秀威廠房主要採用數位印刷，然而鄭經理也提到，秀威對採取何種方式並不受限制，端看需求與成本，平時也會針對紙種和書籍樣式來做調整書籍製作的方式。

擁有這樣一座印刷廠，除了為內部出版的書籍服務，鄭經理特別提到：「秀威的自有出版品，畢竟數量有限，所以平時也會對外承接代客編印的業務來填補工廠的產能。」如此，也是為了將印刷廠的效益最大化，以增加獲利。

又如同前面最先看到的紙種，鄭經理說明：「編輯不宜只是一直想嘗試新紙，結果印刷廠根本沒有空間放，紙種本身成本也太高或不適合印刷。」意即在選擇要用什麼紙時也需考量到現實層面。

面對這些務實的講解，令我深感實務層面需要考量到

的面向之多,人力、空間、成本⋯⋯實不外乎效益與可行性。

一本書的誕生,便是在「理想豐滿」與「現實骨感」之間取得平衡後「穠纖合度」的成果。

聽及需要考量的地方有那麼多,我們不禁也開始好奇,擁有數位印刷廠究竟有什麼優勢?面對這個疑問,鄭經理答道:秀威這樣結合「出版」與「印刷」的複合模式,與傳統最大的差別,在於「可加刷可不絕版」的機制。

「坊間也有很多獨立的數位印刷廠,但一般出版社如果只是首刷採用數位印刷,固然可以較保守的控制成本,但如果不能像秀威自有印刷廠可以『隨時加刷』,那其實對這本書的機會來講,是非常受限的。」尤其在訪談中,鄭經理感嘆道,出版社在出書時,雖然也會透過手邊的資源、資訊評估首印量,但一切依然像是一場賭博,是「很多機緣和不可測」的。錯估而囤貨被退回的情形有,一段時間後突然大賣的情形也有,偶爾還會出現需要補印一兩本的情況,因而在這其中保有彈性及靈活應變能力非常重要。

「可加刷可不絕版」將書本的可能性效益擴至最大,過程中,則抱持著保守穩健而不失開放可能性的心態,讓各種不同的作品有機會被看見。這樣的機制便是建立在秀威隨需即印 POD(Print on demand)以及隨需出版 BOD(Book on demand)的特色之上。

## 二 不設限的可能性

書籍以紙墨為身體，內容是乘載無形價值之「靈魂」。與萬卷樓相似，秀威在書籍類別的選擇上，同樣不與熱門書籍在大眾市場「爭寵」，而是專攻常被人忽略或不看好的分眾市場。秉持著「長尾理論」，增加商品多樣性，與大眾化商品有所區別，並針對具有潛力的分眾市場進行開發，以創造商機。前述的少量數位印刷，即是輔佐於此。

同樣地，秀威的「個人出版」也著力於同樣觀念。「有許多作者的第一本書都是在我們這邊出的。」鄭經理玩笑似地對我們說道，回應的是我們提及「個人出版」時產生的相關疑問。這一塊，又是秀威不同於常規的操作：除了一般面向讀者的出版業務，秀威也有另一個部門專門承接自費出版的案子，為另一群有特定需求、希望客製化的作者/客戶服務，例如有些教學單位的授課教材等等。透過更多元的業務型態，擴大公司的獲利來源。

提供「出版服務」、並進行長期華文徵稿，實務層面而言，編輯會針對商業性、內容性、可行性三大要素進行評估。「商業性」指作品在市場的接受度以及本身議題的熱門程度等；「內容性」指文本整體架構、文字表達能力等是否達到一定標準，若為議題書則需言之有物而非胡亂編造；「可行性」指公司內部製作的可行性和難易度。篩選固然有標

準,然而依然以不設限制、不約束各種可能性為中心思想,一來也增加了商品多樣性。

> 我們不願意對任何題材和內容設限,以避免遺漏任何一本好書。──秀威出版社

秀威官網如是寫道。以此,藉著臺灣的言論自由與極為方便的出版環境,吸引到不少想要在秀威出書的新舊作家。其中以華文創作投稿為主的原則,則出於想要扶植臺灣本土創作的理念,本身實行起來,又與先前提及的把握分眾市場有所關聯。

一連串如同拼圖般組成環環相扣的運作模式,作為出版人,鄭經理點出其中的本質:擁有理念,以及將其落實的能力。

## 三 理想+落實=造就創舉

在臺灣,要出版一本書是一件極為容易的事,不僅具有幾乎無限制的出版自由,且只要有心、有能力,即使一人也能是一家出版社。最初踏入這個行業的初衷,會成為往後在這條路上行走的標竿與動力,最後甚至成為代表自身的品牌與口碑,然而所謂「理想」若只停留在「想」而不實際的層面,則枉成空談。為了能走得長遠,實務角度的落實也不可或缺。

談再多情感面的理想，出版社的本質終究是商業活動，而論及商業，目的即為獲利。因此，要能夠生存下去，對產業環境的趨勢，總得保持一份靈敏度。必須「走在前端」，並對產業的發展有所「想像」，才能開拓出能夠獲利的一片藍海，擁有能夠應對挑戰的能力，把握任何可能的機會。

一如十幾年前網路剛興起之際，秀威便靠著及早談好電子書版權的基底，於電子書平臺剛開放時，可說幾乎占據了平臺頁面。當然，市場瞬息萬變，如今多數出版社或緊或慢都趕上了電子閱讀的浪潮，如何在這之中繼續開發屬於秀威的市場，也是秀威的一大挑戰。對於這點，不論秀威還是其他出版社都是如此。

又比如近年政府推動的「IP影視化」，讓早在系統性推出如推理小說等類型小說的秀威，也在自身產業不景氣之時嗅到了轉機。

文化傳播類的產業，通常需要一段與市場的磨合期，以及適當的機運。這點令我聯想到臺灣漫畫家謝東霖在提及臺灣文創產業時，舉了韓國漫畫平臺 Webtoon 作為例子：Webtoon如今在臺灣已是相當熱門的漫畫平臺之一，然而最初，也同樣經歷過一段十幾年鮮少人知的時期。能成長至如今，便是其捨得將資本投入初期成本中，將目光放遠，因此有了今日的成功。而回歸臺灣的文化創意產業，它近期的「機運」，便是「IP影視化」。

這一跨領域合作的概念被提出，為不景氣的出版業和本土創作者提供了一份新興的未來藍圖。然而如何把握住機運，在於願不願意為此去投資、付出成本和心力，即使不清楚會不會成功、無法完全保證未來的趨勢如何，也依然願意承擔初期的成本，來為未來的可能性打好基礎。一如影視化的投資和推動其是近兩三年才開始，而秀威則從十幾年前就開始做類型文學，時至今日，也有了更多被看見的可能性，並在機會到來時乘勢而上。

　　訪談時，我們提到秀威出版的《人性的試煉》一書入選二〇二四坎城電影市場展，以及在 NETFLIX 上被改編播出的原著《完全省錢戀愛手冊》，都是出版 IP 轉影視的實際例子。未來出版社的版權工作不再只局限於書籍，而是更多樣化的跨領域合作，舉凡漫畫、遊戲、電影、連續劇等等，都能成為一個好故事的載體。

　　也因此秀威在選材方面並不會限制主題或內容，也鼓勵創作者不要為了迎合改編影劇的可行性和市場喜好而限制了自身的創作方向，「因為你永遠不會知道，你的故事以後可能會被什麼規模的公司看上」。存有一份「想像」的權力，不把門窗關死，即是留給某一日可能來訪的機會；一種敲門的邀請訊號。

## 四　結語

　　經過鄭經理的分享與熱心解惑，我們收穫許多專業的實務細節與經驗，如海內外市場開發的機會性與實際銷售情況、為了增加曝光度也持續嘗試結合媒體影音宣傳、透過編整書目來達到客源開發……而一路訪談下來，我發現對於秀威營運方向的印象，似乎一直圍繞在「機會開發」這點。盡其所能把握所有出路和機會，發現可能並創造可能，進而有所突破、創新，而非被侷限於既有框架內，正所謂「以不變應萬變」，是我認為在這次訪談中感觸最深的體悟。

　　我仍記得很清楚，訪談時會議室桌上擺著許多秀威出版的書籍，而這些書正是這間出版公司從過去創業至今試錯再革錯、一路行走至今的腳印，或許，也正是未來的我們即將踏上的道路。如同老師在課堂上的這句話一直令我記憶猶新：「出版產業不是夕陽產業，只是需要轉型與創新。」鄭經理以過來人的立場體現了這句話，相信再加上「理想+落實」的原則，無論未來遇到什麼挑戰，都能夠在自己選擇的道路上走得更穩、行得更遠。

　　相談甚歡，待訪談結束時，我們才驚覺早已超過下班時間。外頭的路燈早早便上工，點綴於暗暝天色之中。當時的我回頭望向正與我們揮手道別的鄭經理，背後是不久前剛走出來的公司大樓。

赫然間,這棟看起來再普通不過的大樓也變得不一樣了——只因裡面藏著的,是一個並不普通的世界,和一群不普通的人們。

## 臺灣學術出版采風錄　二
### 華藝數位股份有限公司

兼容多元出版服務，從拓荒者的角度，談數位出版市場現況及未來展望。

# 電子書與紙本書
# 如何共譜過去與未來

林孜穎
國立臺灣師範大學國文學系

## 一 引言

在現今數位化時代,紙本書與電子書共生共存,不僅代表了書籍載體轉變、知識媒介更加多元,更象徵著文化傳承與創新過程當中,新舊交替的重要節點。

華藝數位在臺灣電子書市場中佔有重要前導地位,其過去發展及未來展望具有承先啟後的劃時代意義。

這次有幸拜訪坐落於新北市永和區辦公大樓的華藝數位股份有限公司,深入探討紙本書出版與電子書銷售之於華藝這個企業的重要性,同時也改變了自己對於紙本書和電子書的既定看法。

藉由與圖書徵集部陳禮澤經理兩個半小時的訪談，得以一窺在整個出版產業中，華藝如何以領頭羊之姿，強勢帶隊，未來又將如何布局，巧妙應對數位化浪潮的衝擊，始終屹立不搖堅定拓展國內外出版相關業務。

## 二 華藝成立背景與發展

二〇〇〇年，華藝數位以數位化掃描起家，業務層面逐漸拓展至學術期刊和論文電子化，希望能提供民眾一個方便查閱且資料完善的數位資料庫。接著，隨著數位化時代來臨，華藝數位力求轉型。於是，在二〇〇八年，華藝數位開始推出電子書，巧妙運用其老本行——學術期刊與論文資料，與學術電子出版進一步整合，掌握先機，成功搭上臺灣電子書出版與行銷產業的龍頭，成就了如今以數位資料庫與線上圖書館聞名的華藝數位。

搭上數位化浪潮成功轉型，為華藝數位奠定良好基礎，大學教授與老師紛紛慕名而來，希望透過華藝出版自己的著作。為了滿足教授論文升等與學術界的需求，華藝開始涉獵紙本學術書出版領域。最初，雙方以教授自費的形式，由華藝篩選內容方向，確認出版方向契合，再與教授談定價錢，執行委託發行和學術出版。然而，傳統出版方式往往難以精準判定書籍印量，若印量過大則導致庫存太多，印量太少卻得反覆印刷，導致成本增加和作業困難。

隨著專書出版的需求上升，華藝數位發展紙本書出版已是勢在必行。以不違背「多樣性傳播、不以營利為單一目的」的學術出版理念為前提，華藝數位在支持紙本學術出版這條路上亦是煞費苦心。後來，為大幅度減少倉儲成本，紙本學術書出版逐步發展為採用 POD 模式（按需印刷）。與固定的印刷廠合作，確實接到訂單再通知印刷廠開印，落實書籍安全庫存量，單次印量為三十至五十本。

除了結合傳統紙本出版與新興數位資料，華藝數位創辦了自己的網路電商平臺──灰熊愛讀書。以期避免中間商介入所導致書籍單價過高的問題，確保自家出版社旗下或代理的每一樣商品，都能直接送到消費者手中。如此一來，消費者僅需負擔一筆運輸成本，少了中間商層層剝削，書籍定價也變得更能讓普羅大眾所接受。

拜良好的技術基礎所賜，華藝數位的發展決策與商業布局，通通圍繞著數位化與電子化邁進。期刊論文資料庫收錄完整學術資料，電子書與電商平臺完美迎合讀者閱讀與消費習慣轉變。在實體書店及實體書銷量大受打擊的今日，華藝數位的創辦人及決策高層可說是慧眼如炬，十分善於審時度勢，開闢屬於華藝數位的行業新賽道。

## 三　華藝成功經驗與挑戰

作為一家成功的出版公司，華藝數位累積諸多實戰經驗，亮眼成績的背後，自然也不可避免容錯及挫敗的經歷。陳禮澤經理娓娓道來，這才了解找對賽道對於一家出版公司而言其實還不夠，如何面對大時代環境變遷，站穩腳跟展望未來，才是所有臺灣出版人應該借鑑與反思的課題。

作為臺灣較早發展電子書的公司，巧妙結合數位及傳統出版一條龍式服務，華藝數位不負眾望成為了圖書館電子書推廣的龍頭。希望透過產品整合及共同推廣，創造商業夥伴與買賣雙方之間的共贏局面，並藉此來傳播與強調學術多樣性。除了電子書外銷推廣的業務，華藝數位還擁有自己的線上圖書館，收錄華藝數位底下所有的電子書館藏，和華藝線上資料庫一樣，造福許多學術領域人才。

然而，華藝線上圖書館面臨最大的競爭對手居然是──國家圖書館！由於華藝線上圖書館的產品性質，與國家圖書館的論文資料庫有所重疊，因此不幸面臨和公部門競爭的挑戰。公部門與商人最大的差異在於，前者不以營利為目的，故國家圖書館的線上資料庫會公布完整作品，導致資料庫廠商無法透過自家的產品回收成本。一旦資料庫廠商難以賺錢，將無力去開發及完善一個更好的資料庫，長此以往，對線上圖書館或投資恐成為出版社的疑慮和擔憂。

數位化浪潮對傳統出版業的影響深遠，哪怕是華藝數位也不能免俗，首當其衝便是銷售模式和閱讀習慣的轉變。

作為版權徵集方，將電子書導入臺灣市場初期，華藝數位的首要任務便是說服出版商。除了要告訴他們電子書究竟是什麼樣的存在，更要說服這些出版社引入電子書並不會衝擊實體書銷售，他們才願意安心接受。正如方才所述，大部分人認為電子書會重創已經岌岌可危的實體書銷售，事實卻不然。現今臺灣實體書與電子書的銷售現況，深受盜版問題猖獗所害──實體書的銷量大幅度下滑，而電子書銷量的成長幅度卻十分緩慢，這是多麼令人著急！

隨著疫情時代來臨，電子書的普及率有所提升，可謂是因禍得福。但是，因疫情而加速產生之電子書授權要求接踵而來，大大提升了數位轉換效率。於是，近期關於電子書管理層面的種種疑慮開始浮於水面，明確釐清電子書及其版權的管理責任歸屬與所有權相關問題，成為華藝數位近期重點關注的議題。

除了在發展電子書的過程中困難重重，電子書銷售更是華藝數位經營上的一大考驗。其中，陳禮澤經理特別談到對電子書訂閱制的看法。電子書若採用訂閱制，在一年訂閱期間的書籍點閱率，利潤有百分之二十往往集中於某幾本熱銷書，嚴重排擠了其他點閱率不高的小眾作品。

因此，訂閱期結束結算分潤時，非暢銷作品面對分潤不平衡的問題始終無解。這個現象不僅讓出版社選擇投資電子書時紛紛打退堂鼓，也使得華藝數位在協助出版社轉型電子書時窒礙難行。

## 四 華藝未來展望與機遇

作為以電子書起家的華藝數位，他們的發展始終不離其專業老本行。陳經理說：「卓越的數位出版商必須瞭解各種電子書格式（如 EPUB 與 PDF）的特點，以便決定最佳發布方案。」EPUB 格式（網頁版式編排）為目前臺灣電子書版式主流，在可讀性和使用者體驗上表現優越，適用於輕小說、文學作品等大篇幅純文字的文類。專業書籍則多傾向於使用 PDF 格式以保持版式的整體性，像是圖片多的書、教科書、語言學習用書、學術用書等，因為具備註腳或是引文，排版上不適用於 EPUB 格式。除此之外，每個電子書平臺格式版本都不同，導致製作 EPUB 模板容易成本過高。

雖然製作電子書聽起來並不容易，相較於實體書，確實能省下不少成本。陳禮澤經理表示：「如何克服運費成本是電商經營最困難的部分！」現行方式中，最常見就是提供消費者端滿額免運服務；在備貨集貨方面，則是書籍印量要達成免運和運費折扣的門檻，但為了免運而多印書，恐造成額外成本；若是跳過聯合發行，又會影響其他出版社的利益。

因此,實體書銷售很難避免不透過經銷商代理,而透過經銷商,又是增加書籍成本導致單價增高的元凶。到頭來,不論是商家還是消費者,兩邊都討不著好。幸運的是,電子書買賣不需要經過經銷商這一環。網路購物模式愈漸普及,經銷商的存在價值跟著降低。為了降低實體書成本,華藝數位計畫擺脫傳統產業迴圈,試圖打造「出版到經銷」一條龍式服務。落實零庫存,哪怕書籍定價高,只要能直接賣給消費者,有效減少中間商從中剝削,就能用折扣來回饋給消費者。

臺灣整體大眾的閱讀模式其實並未改變,而是書籍載體不斷日新月異。陳經理提及電子書的營收雖然大於實體書,但也只多出不到百分之十。因此,想讓電子書百分之百取代實體書是不可能的,就臺灣市場現況而言,可能至多佔據百分之二十五到百分之三十。

面對紙本下滑快,電子成長慢的現狀,經營方面,華藝數位將重點聚焦於增加電子書的總體銷量,希望透過政府資金預算,來支援圖書館及大學端這兩個重要市場,個人通路則有賴出版社和平臺商的支持。接著,藉由跟出版社密集配合,來加強電子書銷售營收及推廣力度。尤其是疫情後電子書授權力度增加,出版社間更要提升版權的流通效率。此外,華藝數位研發部門嘗試開發新技術來降低生產成本,以及克服電子書市場中的挑戰。

例如:探索 AI 工具對書籍和銷售的應用價值,是否能

有效降低電子書製作的成本？或是提升產品規格，確立貼合消費者型態的使用方式和設計。

　　作為以電子書起家的數位出版公司，華藝數位看見了其中商機，順利把握住時事所趨，整合旗下商品共同推廣數位內容的同時，應不同讀者需求，採用電子書和紙本書同步出版的模式。距離電子書可以落實商業應用仍需漫長光陰，不過，面對未來，華藝數位亦是摩拳擦掌，隨時準備好善用電子書與紙本書共同譜寫的過去，以期爭取未來之勝利！

# 數位出版產業的升級之路——
# 華藝採訪心得

張逸芸
國立臺灣師範大學國文學系

## 一 前言

　　華藝數位提供學術出版及其他關聯的多元化的產品服務，致力於拓展數位資料版圖。在出版實務產業實習課程規劃之下，很榮幸地有機會到公司參觀採訪。

　　本文主題設定為電子期刊論文與資料庫，根據採訪內容，就華藝的實例，簡述此二項產品的服務內容，討論其市場的發展概況，分析產品與各出版業的種種連繫，最後總結華藝在此領域的影響力及未來展望。

　　希望藉由四個方向的探討，展現不同於傳統模式的出版產業面貌。

## 二 整裝出發——產品服務內容

華藝數位股份有限公司最初從事資料庫服務，將藝術領域的各類材料透過數位掃描，建立資料庫系統，如「華藝布藝資料庫」。不僅作為藝術資料保存的重要一步，也意在向外傳播相關資訊。後來隨著公司的成長推進，華藝跨足學術領域，逐步發展期刊、論文、電子書、紙本書等資料庫。除此之外，尚有電子書與紙本書出版服務、網路書店、線上圖書館，其中線上圖書館即是自期刊資料庫脫胎而出。

採訪過程中，圖書徵集部的陳禮澤經理提到，華藝的經營方向並非專注於圖書，數位期刊才是主力。它不但是最為成功的產品，更是此領域的佼佼者。結合前文，可以瞭解到華藝數位的優勢所在，即本文選題由來。以下簡述期刊論文及資料庫的產品內容。

數位期刊及論文方面，是產出者（作者、出版社）導向的產品，為內容生產者提供 DOI 服務、文獻相似度檢索、學術投稿平臺、電子學位論文服務、研究競爭力分析報告等。其中 DOI 服務是「版權物件在網路上的跨平臺數位識別碼」（參見華藝 DOI 服務網站）概念類似於書籍的 ISBN，不過其應用範圍更加多元，不侷限於書籍；因為數位的特性，可作資料庫分析及其他連結。華藝更是臺灣唯一提供 DOI 服務的機構，可見其作為先驅的重要性。

除此之外，因為產品的多樣性，使其間具有連結性，一產品服務能帶動其他產品的發展。如電子學位論文服務，為學者免費提供論文提交服務，並將論文透過華藝數位圖書館 CETD 曝光。（參見華藝電子學位論文服務網站）又如，文獻相似度檢索平臺與華藝資料庫之間的應用關係。

資料庫方面，兼具面向讀者及內容生產者的性質，且同樣地在多個產品之間皆有密切關聯。如，華藝線上圖書館整合了期刊及論文。資料庫不僅包含期刊論文，還有圖書、藝術材料及影像等。資料庫提供便捷的檢閱方式，在數位化的時代，透過網路檢索各式資料已成趨勢。

關於此二項產品，華藝不僅為內容生產者服務，也在傳播推廣資料上有所貢獻。多種產品服務都圍繞著學術領域發展，而不致失了重心。陳經理還介紹道，在華藝網站上，每一個產品都有獨立的網頁，令我們更清楚地瞭解產品的具體內容。至於眾多產品是否有一整合方式的問題，陳經理回覆為華藝設有統一入口的檢索，不過如 DOI 投稿平臺這類後端服務性質的產品，則是不同入口。

兩項產品在華藝服務內容的開拓上有其脈絡性。如線上圖書館的前身為期刊資料庫。早期共出及代編期刊，因為學術領域的特性，教授有升等或出書的需求，則為之提供出版服務，是圖書出版的緣起。

## 三　披荊斬棘──拓展產品市場

在傳統出版產業的大環境下，新興的數位出版需要突破市場的困境，此為一大挑戰。陳經理談工作經歷時，亦說明新事物引入初期的困難。

以數位資料庫起家的華藝，面臨市場擴展的問題，仍在這項產品上有亮眼的成績。其中一個成功案例是將資料庫推進中國市場。在中國，因為政治體制關係，在言論自由方面有限制性，各類型的出版品皆須經過審核的流程，屬於不開放的市場。其阻礙更大，具有特殊性質。

為了維護國內產業的利益及其穩定性等，與國外合作的條件更為嚴苛。因此中國會採用技術轉移等其他折衷的方式合作，比如 CNKI 資料庫就借鑒了外國的經驗。數位資料庫此產品銷售本身的挑戰，加上中國市場的特殊背景，華藝能在這兩項因素之下，成功地進入中國市場，無疑標示了新的里程碑。華藝的數位產品，顯然具備相當的影響力。

華藝的資料庫、期刊、圖書類別的產品，主要的消費端、需求者是圖書館等，而非個人消費者。由於各類產品皆是以學術領域為軸心，所以有特定的導向以及有目標的受眾範圍。瞭解這類產品的主要內容及市場，可以發現它需要多方的支持才能走出更長遠的路，並得到良好的發展。

即政府、大學及其他圖書館、出版社與電子化技術。政府是推動數位化產業的支柱，獲得經費補助與相關計畫的配合，是電子化出版成長的一部分助力。圖書館預算增加，對於各出版產業而言有或多或少的幫助。尤其是華藝這樣以「B2B」為主要經營模式的公司。至於其他出版社方面，華藝與之亦有合作關係，將於下個章節說明。

出版社擁有紙本書、期刊論文的版權，若出版社能同意並支持數位電子化，並提升版權的流通效率，也將對其發展有所幫助。不過出於對新事物的排斥，也憂慮傳統出版產業可能被取而代之，故電子化出版起步時遭到排斥。如何擺脫這個局面，是數位產業的功課。最後是技術，數位化出版品及資料庫需要的人才與傳統出版產業有所重疊，但更缺乏在於資訊科技方面的資源。

總而言之，數位期刊和電子資料庫領域的市場擴張，需要更多的投入，也還有一段路要走。

## 四 旅程夥伴——內容生產者及使用者

前文提及，數位期刊論文相關產品的主要受眾為內容生產者，與之密切關係如版權授權、期刊論文一系列服務。在華藝學術傳播服務鏈，不只為使用者提供最佳資訊，也透過產品協助內容生產者傳播學術內容。

華藝為作者（由於產品定位，作者多具學者身分）提供期刊論文發表等多項服務，因應作者需求，進一步開拓圖書出版產業。雖然華藝仍以最初的期刊產品為重點，不過仍可以說是華藝與作者之間的關係相輔相成，一方需求促進一方開展業務。

　　此項產品亦與傳統出版關聯。出版社除了擁有紙本書版權，可授權華藝進行電子數位化，涉足學術出版主題與出版期刊，同樣是華藝的產品目標對象。如萬卷樓出版文史哲領域，除了紙本圖書、《國文天地》雜誌等，還有期刊的業務。採訪前對於數位出版與傳統出版之間的交集不甚瞭解，擺在檯面上可見的問題大多是關於電子書與紙本書的競爭關係。採訪過程中，對二者間的合作與市場現況有更深入的認識：競爭以外，合作或許是能促使雙方一同成長的方式。電子期刊蓬勃發展，如何建構版權交易及服務項目，傳統與數位出版業皆須共同努力，並尋找平衡與互利共榮之道。

　　身為學生，不免接觸期刊論文，因此在瞭解華藝的服務內容前，已有下載閱讀相關資源的經驗，這成為小組選擇採訪華藝的原因之一。資料庫除了為內容生產者提供服務，部分內容也對一般大眾開放，如「意象臺灣影像資料庫」。由此可呼應前文，華藝在資料庫的投入，不僅為了特殊領域需求者服務，也擔任了傳播資訊的重要角色，為資料保存盡心力。這或許也就是資料庫的意義之一。

## 五　未完待續——展望

　　華藝的數位期刊論文與資料庫兩項主要產品，都有著不可小覷的成就與影響力。比如 DOI 具有國際標準性，華藝既是第一個也是目前唯一投入的企業，配合其他期刊產品服務，不難理解其成為華藝的主力之因。站在使用者的角度與立場，個人抱持對此服務的肯定。像是在師大圖書館搜尋論文，近幾年的資料不乏使用 DOI 服務之例。數位期刊論文產品為內容生產者提供便利的服務，也為讀者與身兼內容產出者的學者資料檢索與獲得方式，新增多元管道。

　　以期刊資料庫為例，不論是在採訪或使用經驗，看到了華藝優秀的成果。然而採訪討論中，陳經理與張晏瑞老師提及了與公部門競爭的問題。國家圖書館同樣有豐富的學術資源，出於公部門的角色立場，會以免費提供、公布完整的內容為主，且設有期刊評鑑制度。此時，與出版社的版權及資料庫廠商的矛盾便浮現出來。企業通常無法在與公部門競爭中占有優勢，獲益可能會因相關政策而減縮。若這些數位資料庫的廠商無法維持良好運作，那麼又將由誰來開發更好的資料庫系統？關於這個問題，筆者認為，雙方的出發點與考量，不能分對錯，同樣都是為了學術發展努力。既然如此，就更應該思考如何使競爭良性發展，或採取可以接受的合作關係，共同在期刊與資料庫等領域拓展更好的服務。

除此之外,陳經理還提出了資料庫面臨 AI 的挑戰。近年來,AI 與人工智慧議題受到關注,眾多領域都需要面對這個問題。AI 迅速地學習,並接收許多資料庫的內容,於是出版社產出內容的價值被 AI 功能稀釋,資料庫的價值可能也會受到威脅。陳經理便舉了美國出版產業聯合提告 AI 企業的案例分享。除了維護權益之外,出版產業或許應該思考,如何在內容生產及資料庫的價值上,做出具備不可替代性的成果。

現代學術界的各項活動,比如論文產出、檢索與閱讀資料、發表新資訊等,形式與往日大不相同,紙本雖然不會完全消失,知識獲取卻也不再侷限於紙本形式,而更加豐富。華藝在知識服務方面,具有相當深刻的意義。

本次的採訪讓筆者收穫許多,對於數位化及學術出版領域的現況及問題,增加更深的瞭解與更廣的視野。不論是正在實習的萬卷樓這類傳統出版業,或像是華藝以數位出版為主兼及紙本出版的企業,都有值得學習之處。出版產業的整體營收下降、萎縮,便需要投入新議題、新想法並開發新的可能。

# 數位化時代下的編輯挑戰

彭馨榆
國立臺灣師範大學國文學系

## 電子出版之市場

在全球數位化浪潮的衝擊下，傳統出版產業受到不小的衝擊，而華藝數位圖書徵集部陳禮澤經理認為臺灣出版產業的現況則為紙本書的銷售額大幅下降，電子書的目前銷售狀況又不足以填補紙本書的銷售缺口，因為出版商要在網路平臺同時上架紙本及電子書需要較多經費和技術運用，但臺灣的電子書市場仍有一定的成長空間。於是華藝數位便於二〇〇八年推出電子書產品，同時也協助出版社將紙質出版品轉為電子書模式。

近期更因疫情加劇改變人類的消費習慣，紛紛轉往網路消費，電子書需求大增，故電子書之授權率迅速上升，相較紙本圖書成為華藝數位的主力產品。他特別指出，華藝數位近年來著重電子書產品之因有二：一、公司可直接與出版商購買版權，無須經過中層經銷商，故利潤較多；二、電子

書無倉儲及運輸成本。所以陳經理表示未來華藝數位的電子出版品可望達到全公司出版品佔比約二成五至三成。

## 多元化電子出版

華藝數位在面對臺灣逐漸萎縮的紙本書市場時，已洞燭機先，率先發展電子期刊，後續也推出電子書。但面對現代消費習慣改變成線上消費與閱讀觀念改變，華藝數位也採取許多策略以回應市場趨勢。像是因應數位化浪潮，讓電子書載體不限縮於專門閱讀器，而在消費者本身可能就擁有的平板電腦上也能閱讀。

而在民眾閱讀專注力普遍較低的當代，華藝數位除了出版純文字式的電子或紙質書，還推動有聲書，即 Podcast。目的是讓讀者於通勤或運動期間也便於閱讀。挑選出版論文題材時，也加入符合年輕世代或當下潮流關注的議題面向，如《動漫遊戲研究的新時代與發展性：ACG 文化國際研討會暨巴哈姆特論文獎十週年紀念論文集》，展現現代動漫娛樂文化之餘，仍兼顧學術研究性。

## 給數位編輯的話

談及電子書，則必須討論「數位編輯」。對於夢想成為「數位編輯」的有志青年，陳經理建議應了解電子書的格式

編排、版權的買賣，乃至掌握電子書市場的現況，皆為數位編輯應含的基礎知識。舉電子書的格式為例，臺灣現行主流的電子書格式分為兩種，其一為 PDF；其二為 EPUB。

經理說明許多學術性書籍，或圖片數量較多的書籍仍偏好傳統 PDF 格式，如此一來註腳、引文，及圖片不會因調整畫面而影響視覺呈現；EPUB 格式因可隨閱讀習慣與載具調整字級，甚至在一旁欄位記錄重點摘要，所以是電子書市場目前消費者喜愛的主流格式，多見於輕小說或純文學類等圖片較少的書籍格式。不過也因其可調整版面的特性，在製作電子書的成本上較 PDF 高昂，編輯難度也隨之上升。

經理補充，電子書為程式性語言，相較於傳統紙本書的編輯必定更為艱難，數位編輯的工作即須了解有關電子書製作及銷售模式等，方能與作者以及電子書平臺溝通協商，不至於與市場資訊脫鉤。

## 數位編輯的挑戰

作為圖書徵集部經理的他和我們分享，公司在推行電子書產品初期的瓶頸即為與出版社的溝通。除了需要教導出版社業務人員何為電子書外，許多出版商更持有「銷售電子書會衝擊紙本書的銷售額」的刻板印象，其實不然，經理認為縱然電子書目前發展前景備受期望，卻不可能完全取

代紙本書。

另外,由於科技發展進步,許多以前難以觸及或需繳費才能取得的知識逐漸免費公開於網際網路,例如國家圖書館推出的「臺灣博碩士論文知識加值系統」網站更公開大量免費的論文全文,供使用者在合理範圍內閱讀並下載,不僅是華藝數位一大強而有力的競爭,還使出版社可收費項目又驟減,也是出版商不願製作電子書的一項考量。

而臺灣目前仍未統一電子書格式,許多中小型出版社並無能力負擔多樣電子書格式的製作成本,且推出後也無法與大型出版社產品競爭,故拒絕販賣版權以製作電子書,也是經理在版權徵集時常遭遇的困難。

近期數位編輯挑戰則是因為 AI 人工智慧問世,前述提及在科技化的數位浪潮下,不勝枚舉的知識公開於網路中,於是各家電子書出版商為提高競爭力,必須製作獨具特色的產品以求差異化。然而這些付出的心血卻遭到人工智慧的開發者未獲得授權,即使用受著作權保護的作品,來訓練生程式 AI。無數努力被人工智慧以無償的方式公開,明顯對於出版商造成莫大損失,而此類案例在美國早已層出不窮,無論是作者、新聞媒體乃至音樂出版商皆對生成式 AI 公司提出侵權控告。

因此出版社未來面臨的困難則是如何稽核 AI 有無在未

付費時引用其資料？又該如何對 AI 的引用進行版權收費？面對可一鍵產出龐大且富有條理資訊的 AI，出版產業價值到底是什麼？

# 臺灣學術出版采風錄　三
新文豐出版股份有限公司

變遷時代下，從新世代使命與傳承，
　　談文化脈動與立足之道。

# 專訪新文豐——變革中尋覓光明

邱義茗
國立臺灣師範大學國文學系

## 一 新文豐的歷史

### (一) 過去

新文豐創辦人——高經理的父親——高本釗先生的背景與人脈,新文豐最早是承接佛教經典的印製工作,現在市面上、在師大圖書館館藏所見之日本版本《大正新脩大藏經》、《卍正藏經》、《卍續藏經》、《高麗藏經》、《嘉興藏經》,以及《磧砂藏經》等,十之八九都是由新文豐出版。五十多年來,新文豐一直在從事文獻和資料整理的工作,而這幾年也慢慢地走向學術出版。

### (二) 現今

高經理大學赴美,就讀賓州州立大學,主修企業管理,輔修商業行銷。研究所進修電腦、通訊相關。畢業後到 IBM 加拿大工作,中途又到多倫多大學學習人事管理。

後來回臺接手父親高本釗先生的出版事業，由於以前的工作經驗，深感兩者的差異，小企業面臨的挑戰遠超大企業。大公司擁有成熟的資源配置機制，員工只需專注於達成目標達成；而在小企業中，每個決策都涉及資源的分配與使用，稍有不慎便可能陷入困地。

　　為人工作只需要想著如何活用資源，只要負責和完成目標就可以，為自己打拼則更多要考慮如何獲取與善用資源，要考慮的可就多了。「想不想做」和「有沒有能力做」是兩回事，空有想法，但手邊沒有資源，終究難以成事，小企業的經營像是一場持久戰，需要不斷權衡理想與現實間的矛盾。

　　尤其在臺灣，出版業的家族化經營模式普遍存在，像城邦、時報、聯經那樣專業化管理的出版集團只是少數，甚至連教科書出版都是如此。高經理坦言，家族企業的靈活性雖是一大優勢，但若一腳踏錯，其後果可能難以挽回，因此，他在接手新文豐後，特別注重風險管理，力求每一步都穩紮穩打，保證公司的長遠發展。

## 二 出版業的發展與困境

首要問題是缺乏本土優秀作品。以文化部文策院推動南向政策為例，希望臺灣出版品能受其他國家讀者青睞，鼓勵出版社將書籍翻譯成葡萄牙語、西班牙語，促進和南美洲國家交流。但臺灣本土的作品有多少能真的走出臺灣？

從多年來諾貝爾文學獎得主作品來看，高經理也感嘆道，臺灣能否培養出這樣的作家，書寫出能讓不同種族、不同語言的讀者都能有所感觸的作品。目前臺灣作者只能產出僅限於臺灣自身議題的討論，但卻缺乏深度、不容易引起共鳴的作品。政府的出版政策有政績與指標式的效益，但能否產生市場效益才是應注意的課題，達不到實質預期的目的那只是空口無憑。要拿什麼東西走出去才不是徒立招牌、徒舉虛名？

再者臺灣的出版商與作者之間的生態，兩者之間缺乏互相的信賴與依存度，作家在尚未成名之前四處投稿，一旦獲致成功，往往會尋求更高的版稅收入，或想藉由不同的出版社、不同的通路讓更多的讀者認識自己，琵琶別抱的情況比比皆是。另外一些名嘴作者、網紅作者，本身已有固定的粉絲群，乾脆自己成立出版社專門出版個人作品。這也造成出版社不願意培養作者的原因。與此相反，國外的作家和編輯間有更多溝通，彼此甚至是夥伴的關係。編輯活用經驗幫

助作者，儼然是經紀人的角色，兩者間有相互依賴的關係。

　　做出版可以有理想，但還是要謀生計，忽略績效只會抱著一文不值的理想和文化使命感溺死。不用將文化視為高大上的東西，只需在意並專注於自己定位的客群。

　　三者是後繼無人，出版是傳承的事業，尤其在臺灣，絕大多數的出版公司都是家族企業，像城邦、時報、聯經那樣專業化管理的出版集團只是少數，甚至連教科書出版都是如此。前輩從一九七〇、一九八〇年代出版業的榮光裡走過，到了現在，接班者面對出版前輩動輒以二〇〇〇年以前對出版產業的印象加以責難時，往往會感到接班困難，於是不願意接班，導致後繼無人的狀況產生。

　　最後，是讀者對於書籍的需求。書籍是知識主要來源，對知識有需求時才會想讀書，在臺灣，許多人不認為該為獲取知識付出相對應的金錢，因此願意掏錢購買書籍的意願不高，導致出版社為日漸低落的銷售傷透腦筋。雖然新文豐出版的書籍因其性質，較不擔心退流行，但書堆放倉庫，越堆越多，形同消耗機會成本，也是不得不面臨的難題。

## 三　近觀海峽兩岸圖書

　　一九九〇年左右，大陸才正式和臺灣的出版界有所接觸，在此之前，大陸只能透過香港進口臺灣的書籍。同理，臺灣想進口大陸的書籍也須透過日本或是香港等地。此時雖然有交流，然當時兩岸限制頗多。即便在大陸開始對外開放後為保護自己的出版業，在申請加入 WTO 時以「文化弱勢國家」自居，出版品只有國家核定的單位才能發行，大陸的圖書進口業務是由國家特許單位執行，必須先報書單，審核通過後方可獲准。書籍進口需收取審查費，關稅與加值稅，即使臺灣圖書以優惠的價格出口，經過層層收費，到了大陸市場價格反而更貴。

　　一九九〇年代初期，臺灣圖書在大陸銷售的主要市場還是以北京幾家進出口公司為主，當時中國圖書進出口公司、中國教育圖書進出口公司、中國科學資料進出口公司等，跟臺灣都有頻繁的業務接洽。加上早年小三通貨運圖書類不受限制，對大陸出口書籍主要著重在北方的國營企業與民營書商。但從二〇一六年開始，兩岸情勢逐漸緊張，對岸對臺灣圖書的審查轉趨嚴格，國營單位對進口臺灣圖書的意願逐漸降低，同時小三通對圖書進口的審查開始處在灰色地帶，雖無明確禁止，但實際上已不開放，大陸民營書商失去了進口臺灣圖書的管道。而南方的廈門外圖公司早

年僅被視為開拓市場較小的南方市場渠道。近十年來,廈門外圖是兩岸間唯一持續活躍且願意銷售臺灣圖書的公司,因此之故,其舉辦的海峽兩岸圖書交易會所擔任的交易平臺角色與功能越發重要。

## 四 展望未來

### (一)反思圖書定價制度

多年前臺灣書籍的 ISBN 不只綁定書名,也綁定價格。ISBN 不變,定價就不能改變,顯然不甚合理。對比國外,書籍定價不綁 ISBN,甚至可不規範定價。雖然前些年此一規定已經鬆綁,但在市場多年來依靠幾個大型書店跟網站銷售圖書,圖書定價與折扣價往往受制通路商的操作。是否應由國家權力介入設立圖書定價銷售制?而新文豐有特殊的定價制度,即基價。先確立價格,再依發售當時的情況調整倍數計算之。因為能與時俱遷,基價制度可能比圖書單一定價制來得更為理想。

### (二)書籍數位化與 AI 應用

電子書市占率少,須視類型而定,一般來說書籍數位化的方式有二,一是單純打字集成文檔,另一是製作成 EPUB 等常見的電子書格式。前者不需多少技術,而後者則較為複雜,電子書必須圖隨文走,所以要根據不同載體調整適配性

就更為困難，通常只適合用於消遣、不須過多思考的文本，如漫畫等，或更新率高、汰換率快的內容，如科技、醫學類的教科書。

這顯然與新文豐的出版風格相悖，數位化的資料比起實體更容易被竊取、挪用，也有盜版的疑慮存在，形同一場吃力不討好的冒險。

近來 AI 議題甚囂塵上，如果能搭上這波熱潮，顯然能成為轉型的契機，但投資 AI 設備面臨更換週期頻繁的問題，隨之而來的成本也可能讓人難以負荷，必須得謹慎投資。且對出版社來說，生成式 AI 的學習是雙向的，不只來源於資料，使用者的問題也是重要的一環，若是不能掌握主導權，利用自有的知識庫，建立使用者付費的語言模型，則浮舟泛泛，與眾生同，反而會喪失優勢。

高經理舉例，國科會曾計劃建立臺灣可信賴的大型語言模組，於是向中央社購買新聞稿，從網路上的部落格抓取資訊訓練 AI，測試時才發現錯謬頗多。許多知識看似唾手可得，然而全盤的相信和接受只會得出真真假假、混淆不清的結果。

## 五　穩健策略面對時局變遷

　　對出版業來說，龐大的讀者就意味著龐大的客群，為了開拓市場，擴圈勢在必行，於是競相以潮流為尚，力圖抓住先機。然而最後成功的只是少數，反倒在大量引入和出版之下，大量同質性高的作品進入市場，進入讀者的視野之中，即使仍有需求也會快速飽和，使進場慢的人蒙受損失。

　　如張師分享以前任職的經歷。智園出版社，原本致力於出版國內外的特教類書籍，當時這一領域可謂是鮮少人涉足的藍海市場，所以顧客也快速增加。正當前景一片看好時，智園卻跟從流行，搭上蘋果熱，陸續出版一系列偏離原先出版方向的書籍，結果不但沒能擴圈，反而流失過去建立起來的客群，最終只能慘淡解散。

　　高經理強調，出版業的首要任務是守住自身的基本盤，顧好基本盤，自然就有無可撼動的優勢，一昧追逐取巧反而容易弄巧成拙。若能明確自身的定位，現有的客群即是藍海市場。

## 六　心聞豐收——點亮學術的欣與新

臺灣很少培養本土創作者，但新文豐透過致力學術出版，鼓勵老學者整理自己的研究成果，將其出版成書，培養了大量的學者，讓眾多的研究成果得以被看見。

在臺灣的教育體制下，青壯齡的教授往往忙於授課，沒有太多心力投入研究，更遑論整理研究成果，多半都是投稿期刊為主，較不重視成果的匯集。空有零星的點，而不能成圖。新文豐的目的正在於整理，所謂出版，即是讓作品公諸於眾，被看見的過程。

# 守護文化的脈動——
# 在新時代出版業的挑戰與策略

### 康藝寶
### 臺灣師範大學國文學系交換生

在訪談過程中，與新文豐出版公司高道鵬總經理的對話讓人深感出版業在面臨科技進步、文化變遷和市場變化中所需應對的複雜局面。

這不僅是對出版業務的深入理解，更是對文化傳承與創新的深刻體會。此心得旨在探討出版業現今面臨的挑戰與應對策略，並以新文豐出版發展為例，提供見解和反思。

## 一　傳統出版的根基與其價值

新文豐出版公司以出版佛教經典和大型學術套書而聞名，這樣的專業定位使其在市場上擁有穩固的立足點。創辦人高本釗先生憑藉其在人脈和專業領域的深厚基礎，讓新文豐逐漸成為在學術出版上無可替代。這種專注於學術專業和文化的堅持，體現了出版業在文化保存上的責任。

然而，在資訊快速流動的當代，這樣的文化使命也面臨著新的威脅和挑戰。

　　出版業的核心價值之一在於其能夠承載歷史、保存文化和促進知識的傳播。新文豐這樣的出版社以出版高質量的學術內容為己任，特別是在專業領域，如佛教經典和傳統文獻整理方面，展示出深厚的編輯和學術功力。這不僅體現了出版的商業價值，更展現了其文化影響力。

　　對於新文豐而言，出版不是純粹的商業行為，而是承載知識的文化服務。這種理念貫穿於出版的每個環節，從選題、編輯到印刷，無不展現出版業在社會中的重要地位。

　　高道鵬總經理在訪談中強調，書籍是一種延續知識和文化的工具，承載著歷史的痕跡和思想的變遷。這樣的觀點讓人體會到，出版業不僅僅是市場運營的競賽，更是一項文化使命。這種使命感驅使出版商在現代社會中保持自身的文化價值，並致力於將這些價值傳遞給下一代。

## 二　出版業的挑戰——數位化與 AI 技術的衝擊

　　在全球出版業中，數位化和 AI 技術無疑是改變遊戲規則的因素。高總經理在訪談中指出，數位出版雖有其便利之處，但實際的市場接受度有限。尤其在臺灣，電子書在市場上的份額較小，僅限於消遣性質，如漫畫和輕小說等。

而新文豐專注的學術出版,因其深度和廣度,難以完全轉換成數位形式。電子書在製作過程中需考慮到載體適配性,如何在不同裝置上呈現圖文並茂的內容,是一項技術挑戰。還包括數據存儲與保護的問題。隨著數位化進程加快,如何保障內容的完整性和防止盜版,成為出版社必須解決的關鍵問題。新文豐選擇將部分內容數位化,但仍保留對傳統紙本的重視,這種策略體現了平衡科技應用與文化保護之間的智慧。

AI 技術的發展雖然帶來機遇,但也伴隨潛在的威脅。高總經理在訪談中指出,AI 的學習過程是雙向的,這不僅影響了知識的創作,也對出版物的獨特價值構成挑戰。若出版社無法有效地掌控知識產權,則可能失去內容創作的主導權。因應此,建立自有知識庫,並將其作為付費使用的數據來源,是出版業未來可以考慮的策略之一。

AI 在內容生產和編輯方面的應用正在擴展,部分出版社已經開始利用 AI 技術來輔助編輯和內容生成。這種應用包括文稿校對、語言優化和內容分析等功能,能夠提高出版效率並降低成本。然而,過度依賴 AI 可能導致內容的標準化和創意性的下降。高道鵬總經理強調,優秀的出版物必須具有原創性和深度,這是 AI 技術難以完全複製的。因此,如何在科技應用中保持人文關懷和編輯的專業眼光,更是出版業需要面對的重要課題。

數位轉型的過程中,出版業者需要更加靈活且具有前瞻性,以適應科技帶來的改變。這不僅包括技術應用的優化,還需對讀者的需求和行為模式進行深入研究。如何在提供數位化產品的同時,不喪失傳統出版的價值,是出版商必須思考的核心議題。

## 三 跨越文化與市場的界限

新文豐與海峽兩岸的出版交流揭示了出版業在國際市場中的挑戰與機遇。自一九九〇年代起,臺灣與大陸的出版交流逐步發展,從早期透過第三地(如香港)進口書籍,到廈門成為臺灣圖書進口的重要窗口,這一過程反映了政治與文化的雙重考量。廈門外圖的開放,使雙方在文化和商業層面的互動更為頻繁。然而,即便有開放的平臺,實際運作仍面臨高昂的進口稅和審查費用,這導致出版物在對岸的價格攀升。

此種情況顯示,出版業者不僅需面對市場供需的挑戰,還需應對兩岸政策和文化差異所帶來的限制。新文豐在這樣的環境下,選擇專注於文化和學術出版,不僅是出於對傳統的尊重,更是對出版使命的執著。這種專注使其在面臨市場變化時能保持一定的穩定性,並且在挑戰中探索新的商機。例如,開發面向專業學術團體和高端市場的出版項目,以繼續深耕其核心領域。

出版業如何在多變的國際市場中站穩腳跟,是一個需要深入思考的問題。這包括理解不同文化間的差異、適應當地市場的規範和需求,以及如何在內容上尋求共鳴。出版物的成功不僅取決於其內容的學術性或商業價值,還取決於其是否能在不同文化背景下引起共鳴。新文豐在兩岸交流中的經驗,顯示了在文化差異中保持出版物核心價值的重要性。這啟示出版業者在跨文化合作時,需以開放的態度探索文化間的共鳴點,從而拓展市場並強化文化影響力。

## 四 文化與經濟的微妙平衡

文化出版物的價值不僅體現在書籍本身,而是如何影響讀者,並在社會中產生迴響。高總經理提到,許多臺灣的作家在成名前四處投稿,出版社未能積極培養新銳作家,這與國外編輯與作者之間的合作形成對比。國外出版業中,編輯往往作為作者的夥伴,參與從構思到出版的整個過程,並提供建設性的建議和支持。這樣的合作關係增強了出版社與作者之間的依存度,提升了出版物的質量。

然而,在臺灣,出版商與作家之間的關係較為疏離。訪談指出,作家成名後,若稿費無法達到預期,往往選擇離開出版社,甚至自行成立出版社。這樣的出版生態使得作家與出版社之間缺乏長遠的合作基礎,進一步削弱了本土出版業的競爭力。為改善這一現象,出版商需思考如何在不犧牲

商業利益的前提下,建立與作者間更深層的合作,並共同提升出版作品的價值。

在出版方向上,出版社可以採取多種策略來豐富其內容並吸引新興作者。例如,透過設立文學獎來激勵創作,進行長期主題徵稿,或者舉辦文學營和培訓班來培養新秀。這些方法不僅可提高作品的質量,也能創造出新的文化價值。儘管對於新文豐來說,其重心不在文學作品出版,但這樣的策略也可以作為其他出版社探索的方向。

出版商也需投入資源來打造長期的作家支持計劃,這不僅包括出版作品的機會,還涵蓋編輯上的建議和市場推廣的支援。這種全方位的支持能夠幫助作家從構想到成品,並在市場中嶄露頭角,從而使出版社和作家之間建立更為緊密的合作關係,促進雙方的共同成長。這種支持不僅在於經濟上的激勵,也包含文化和創意上的認可,讓作家感受到自己的價值被尊重和重視。

出版業的長期發展還取決於如何將文化與商業模式緊密結合。在這方面,出版商應考慮跨界合作,如與影視公司、教育機構及其他文化單位聯手,將出版物的內容延伸至多媒體領域。例如,將學術研究成果製作成紀錄片或推出相關課程,這樣的策略不僅能夠增加內容的影響力,還能拓展收入來源,達到文化與經濟共贏的目標。

在推廣層面，社交媒體和數位平臺的使用不可忽視。出版商需要掌握現代營銷技巧，以便與更廣泛的受眾進行互動。利用網絡活動、直播分享及線上讀書會等形式，吸引年輕一代的參與，不僅能擴大讀者群體，也有助於建立更緊密的社群連結。

## 五　結論——出版業的未來與展望

在當前充滿變遷與挑戰的出版環境中，出版商如何在文化與經濟之間取得平衡，是生存的關鍵。以新文豐出版為例，其專注於學術出版的策略顯示了深耕文化的重要性。出版業者應勇於探索技術創新，並結合傳統與現代的力量，以維護文化價值，並在多變的市場中創造新的機遇。未來的出版業不僅需要堅守文化使命，更需要靈活應變，抓住科技與市場變遷中的機會，實現長久的發展。

出版商要想保持競爭力，需要以多元化的方式擴展其業務，從紙本書籍的出版到數位化內容的開發，並與其他文化創意產業協作。出版不再僅是將文字印製成冊，而是更廣泛的文化資產管理。這需要出版商具備前瞻性和創新的思維，既要保留傳統的編輯價值，又要適應科技帶來的新環境。隨著科技的進步和全球化的推進，出版業必須擁抱變化，尋找更多元化的收入來源，如版權授權、電子書平臺之合作和教育資源整合。

在未來，出版業的發展不應侷限於出版書籍本身，而應積極參與到內容創意和知識生態系統的建立中，成為社會中無法取代的文化橋樑。出版業者應確保在推進技術應用的同時，不斷反思和調整，以保護創意產業的核心價值。

這樣才能在文化使命與商業運作之間找到最佳平衡，確保出版業在未來仍然充滿活力並引領文化潮流。

# 編後記——
# 想像的閱讀共同體

吳華蓉
國立臺灣師範大學國文學系

　　說起來能成為主編，許是要感謝最初在第一堂課上勇敢自薦當小老師的自己。明明平時在其他課堂上都普遍保持著「神隱」狀態，到了這堂課，卻像是忽然被腦內的自己搧了一巴掌——若一直保持著消極的態度，我又能從這堂講求實作的課學到多少呢？因緣際會之下，為了突破自己，我主動擔任課堂小老師、實習成書主編以及封面設計一職。最後的收穫可說是如我預期——或者說超乎預期。

　　實習過程最大的心得，應該是封面的全新製作。最初，在確定封面所需的風格之後，我製作封面提案，供老師在課堂上講解並讓其他同學提出意見，藉著這樣的場合，我習得了如何表達自己的設計理念，同時在面對其餘「編輯」們的建議時，將其轉化成具體的修改方向，消化後修改稿件。然而，這只是個開始。

無論校對還是排版設計，總是循環往復的，無法一蹴而就。因而即使學期結束，成果書的製作進度依然沒有停歇，只是改成了線上討論的形式。為了在每個人可能都有各自行程安排的前提之下，於可接受的時間內蒐集到封面稿件的修改建議，我意識到手邊的訊息發送和引導的方式必須簡潔有效。例如：選擇封面提案時可運用投票的方式，並將欲傳達的想法總結成一份檔案以便瀏覽。

　　再三反思並修正「應該如何表達自己的想法才最為適當且有效率？」以及「如何才能即時得到回饋？」謹慎確認對方提出的意見並權衡取捨⋯⋯這些都是一路下來所遇到的挑戰，讓我不論在資訊的傳遞、整合上都更為熟稔，亦磨練與人溝通的技巧與心態。

　　從內容校對到封面設計，再一直到紙張材質、特殊材質處理、膜種、校對等等的討論與後續處理作業，我得以將實習和學校課程習得的內容運用於實際當中，日常也默默開始注意市面上書籍的材質和排版，而正是這樣的親身體會，才發現到自身所學其實都只是冰山一角。紙張種類和樣式如此豐富，都各自具備特色和精準用途。

　　恍惚間，一個新的、充滿可能的世界正朝我撲展而來。

　　不得不說，有許多人在我嘗試吞納這份衝擊時給予了最穩固而有力的支持，令我能安然前行。

## 編後記——想像的閱讀共同體

首先，必須感謝這本書的總策劃——亦是這堂「出版實務產業實習」課程脊梁骨的張晏瑞老師，在課堂中一步步循序漸進地指引，適時提出意見，卻也保留讓我們自由發揮的空間，更是讓我從中學習甚多。其次，也必須感謝實習期間，給予最即時協助之前輩們——以邠和玉姍。當我有疑問時給予最適當與全面的幫助，時常害她們必須放下手邊的工作應付我這位「菜鳥中的菜鳥」的疑問和困擾，然而正是有她們，才讓我能夠對編輯成書更加得心應手——或者說，至少比剛踏進萬卷樓那時有所成長。

同時，必須特別感謝本書的另一位主編，編輯本書不可多得的助力——我的同組成員佳宜。她總是能在我猶豫不決時提出適當看法，對事物也有獨到的見解，沉穩細心的個性使她一直是這一路上令人安心的夥伴，若要提一位製作本書的最佳功臣，佳宜絕對是實至名歸。

而最後的最後，還要感謝一起選擇修「出版實務產業實習」這堂課的所有同學們。因為如果沒有你們，便不會有這本實習成果書。

回想起來，除了學習到新知的興奮，能夠讓一本沉澱了編著者思想與文字的載體得以傳播、將自己以往在閱讀書籍時的感動傳遞給其他人，是我在完成這本書的編輯時最大的希冀與信念。

從無到有，彷彿親手接引了一份新生——並非指有形的實體，而是承載於那有形中的無形之物，無論是對於編著者，或是讀者因其而生的一份感慨、一份驚奇、一晌沉思、一抹會心的笑……思及此，心情便不禁澎湃起來。只要想到這些文字可能會被往後無數人閱覽、承接而過，一瞬間，內心似乎意識到自身正在為這個社會、這個世界留下什麼，從嬗變飛逝的時間鴻河之中。

　　儘管如今時代變遷，內容傳播不再僅只於實體通路。電子書、線上形式的閱覽已愈加盛行，但不變的是那份傳遞人文的意識。亦自我期許無論是作為編著或讀者，或無論載體是電子書或紙本書，都能夠保有製作這本實習成書時的初衷，來看待未來的遙途。

　　或許就私心而言，觸摸到實體書時那略微粗糙的質感、鼻腔內盈滿紙墨特有的香氣仍將無可取代——也許，在不同地點不同時間的某一刻，當世間一切凝聚成掌中一隅，指尖摩挲書頁的細響成為最美好的聲音……這樣的體驗依舊會被一些人記住、沉澱於心，成為每個讀者與每本書相遇時的悸動。

　　而我想，無論何種形式，書本的精神總歸會留存下來，跨越時間，成為沒有邊界的共同情感，永垂不朽。懷著這份情感，我如此想像，如此期望，並將如此去實現，一如這本實習成果書之誕生。

# 從零開始的編輯之道——
# 談實習生到主編

黃佳宜
國立臺灣師範大學國文學系

## 一 前言

如果不做老師,那你未來想做什麼?

未來,相對於過去與現在而言的客觀時間。這二字卻能輕易將任何人的生命單手拎起。放在滿是刺眼聚光燈之平臺,再由四面八方的燈光加披、衡量。表演當中總會不自覺撇見舞臺,總會意識到自己正赤裸矗立在臺上的時刻。

大學生涯已然過半,我已是師大普遍認知中的「大三老人」。教育夢自從修習教育學程後,那場夢可謂是碎得十分徹底。既然當老師不可行,也得再去尋下一場夢。一一三年度上學期的加退選期間,歷經天人交戰的心理掙扎,既然是一場避無可避的苦難,無論如何做選擇都是「自找」,何不去來場實習之旅?

## 二　回首實習

　　面試通過後，內心仍十分焦慮。一來，畢竟所處環境並非校園，而是百分百的職場環境。二來，即使有專業編輯學姊帶著新進實習生，但初至萬卷樓實習的我。心理狀態如同嘗試煮泡麵，卻害怕把廚房爆破的心理——總之非常恐慌。

　　無論於課堂，亦或是實習期間。總會捫心自問一件事：「我能夠成長到何種程度？」從既有的書籍校對，再到嘗試 Bonus 任務。擺動雙臂，拚命向前奔跑的六十小時菜鳥時光。該吃的聚餐，吃了。該散的宴席，真的散了嗎？迎來寒假，我仍感到少許遺憾。未能即時見證成果書出爐的執著，使我再度來訪萬卷樓。

　　待與總編討論後，先替成果書申請「身分證」。申請過程中，我看見同組的另外一位成員吳華蓉的名字掛在版權頁上。不禁開始自問：「咦？所以我現在做的事情，算是操刀實習成果書嗎？」、「後續會開始處理更細節的排版嗎？」「如果我是主編的話，能夠做成什麼樣的書呢？」

　　當時，並沒有詢問自己是否算是主編，只覺得這仍是實習的一環。但疑問，隱隱召喚著我向主編之路邁進。

## 三　所以，現在我是主編了？

　　寒假期間，我並沒有被安排處理實習成果書的後續工作。反而是接手另外一項「重責大任」。直至開學後，才詢問總編：「我現在排版大家的稿件，這樣子算是主編了嗎？」得到總編肯定答覆後，仍沒有什麼當主編的實感。

　　只知道這不僅僅是單純的編輯工作。我決定把握這難得機會——讓經歷留下軌跡，亦使後進學子們能從中依循、借鑒與啟發。成果書不僅是對所有修課同學們實習旅程的總結，亦是承載著學習歷程、挑戰與成長的傳說。

　　每位同學前往各個出版公司參訪、前往不同地點實習的經歷都是獨一無二的。因此，點開檔案，從標題再到分段都不盡相同。收錄來自不同角色的觀點。有實習生的心得、指導老師的建議，還有業界人士回饋。多元視角交織於一點，排版想當然爾並不會如預想一樣並非一帆風順，例如，如何讓整本書的層次分明、條理且連貫，有時會需要反向思考同學的思路，避免下一章節之開頭落在最底部。有時必須通改標點符號或是符號「零」等。

　　過程中，我也曾因不注意排版，導致在測試列印時發現諸多問題，以至於最後全部得重排一次的結果。但也多虧這次失誤，讓我更清楚如何讓一本書籍更具可讀性與價值。

## 四　入此道不曾悔

　　因為想要看到最後一刻的動力。當電子稿終於定稿時，所有的努力彷彿在那一刻得到回應。列印出實體紙本後，望著內容整齊排列、設計完整。翻閱每一頁，都能回想起編輯過程的點點滴滴，心中迸發的這股成就感，確實難以言喻。不得不感嘆，人類的好奇心彷彿是和大腦共存的神奇器官。

　　從實習到擔任主編，這段經歷帶給我的不只是技能上的提升，更是一種對工作的態度。我學會的遠比我實習前想像的還要多。譬如自我學習、如何校對、排版、列印等問題解決，也更深刻理解到編輯工作的價值。這些經驗，無論未來走向何方，都會是最珍貴的寶藏。

　　希望個人之經歷，或許能為後續選修課程的人帶來一些啟發與幫助。同時，它也是我留自己的一份見證。如同照片回顧此階段的努力與成長。

　　最後，我想感謝每一位參與這次實習、撰寫內容、協助編輯的夥伴。若沒有大家的努力，這本書怎麼可能誕生？亦感謝張老師與業界前輩的指導，相信所有同學們皆在實習旅途中收穫滿滿，這本書已然成為我們共同的回憶。

　　也祝福未來學弟妹在踏上編輯之道的過程當中，至少。至少，你不曾後悔來出版社開闊視野。

國家圖書館出版品預行編目(CIP)資料

學而實習之：編輯的成長攻略 / 林孜穎，林沛萱，邱義茗，康藝寶，張逸芸，彭馨褕編著 ; 吳華蓉，黃佳宜主編. -- 初版. -- 臺北市 : 萬卷樓圖書股份有限公司, 2025.08
面 ; 公分. --(文化生活叢書. Star 實習叢刊)
ISBN 978-626-386-232-6(平裝)

1. CST: 出版業 2.CST: 出版學 3.CST: 文集

487.707　　　　　　　　113009470

文化生活叢書・Star 實習叢刊 1309A04

# 學而實習之
## ──編輯的成長攻略

| 總　策　劃 | 李志宏　張晏瑞 | 發　行　人 | 林慶彰 |
|---|---|---|---|
| 主　　　編 | 吳華蓉　黃佳宜 | 總　經　理 | 梁錦興 |
| 編　　　著 | 林孜穎　林沛萱 | 總　編　輯 | 張晏瑞 |
|  | 邱義茗　康藝寶 | 編　輯　所 | 萬卷樓圖書（股）公司 |
|  | 張逸芸　彭馨褕 | 發　行　所 | 萬卷樓圖書（股）公司 |
| 封面設計 | 吳華蓉 |  | 106 臺北市大安區羅斯福路二段 41 號 6 樓之 3 |
|  |  | 電　　　話 | (02)23216565 |
|  |  | 傳　　　真 | (02)23218698 |
|  |  | 電　　　郵 | service@wanjuan.com.tw |

ISBN　9786263862326(平裝)
2025 年 8 月初版
定價：新臺幣 280 元

版權所有・翻印必究

本書為 113 學年度國立臺灣師範大學「出版實務產業實習」課程成果

本書榮獲 113 學年度國立臺灣師範大學深化產業實習補助計畫補助出版

Copyright©2025 by Wan Juan Lou Book's CO.,Ltd.
All Rights Reserved　　　　　Printed in Taiwan